U0384570

多媒体
技术与应用

安继芳 侯爽 编著

清华大学出版社
北京

内容简介

本书以多媒体技术目前的实际应用为基础,设计和组织了五章内容。除第 1 章"多媒体技术初识"以外,还包括"音频获取与处理""图像获取与处理""动画设计与制作""视频获取与处理"四大模块的教学与实验内容。每个模块通过基础理论→基础实验→进阶实验→扩展实验的层层推进,带领读者理解多种媒体信息的数字化过程及原理。以 Adobe CC 系列软件 Audition、Photoshop、Animate、Premiere、After Effects 为实验工具,使读者熟悉主流多媒体处理软件的使用,综合运用多种技术处理数字化音频、图像、动画及视频素材。

本书理论精练,注重应用,每个模块设计了多个新颖实用的实验,并配套实验素材、实验操作视频及多元化教学资料。

本书适合作为应用型本科院校、高等职业技术院校信息技术类专业的教学用书,也适合学习多媒体技术的读者作为参考用书。

图书在版编目(CIP)数据

多媒体技术与应用/安继芳,侯爽编著. —北京:清华大学出版社,2019(2023.1重印)
ISBN 978-7-302-53795-3

Ⅰ. ①多… Ⅱ. ①安… ②侯… Ⅲ. ①多媒体技术-高等学校-教材 Ⅳ. ①TP37

中国版本图书馆 CIP 数据核字(2019)第 194816 号

责任编辑:张 玥
封面设计:常雪影
责任校对:焦丽丽
责任印制:丛怀宇

出版发行:清华大学出版社
　　网　　　址:http://www.tup.com.cn,http://www.wqbook.com
　　地　　　址:北京清华大学学研大厦 A 座　　　　　　邮　　编:100084
　　社　总　机:010-83470000　　　　　　　　　　　　邮　　购:010-62786544
　　投稿与读者服务:010-62776969,c-service@tup.tsinghua.edu.cn
　　质量反馈:010-62772015,zhiliang@tup.tsinghua.edu.cn
　　课件下载:http://www.tup.com.cn,010-83470236
印 装 者:北京嘉实印刷有限公司
经　　销:全国新华书店
开　　本:185mm×260mm　　　　印　　张:15　　　　字　　数:344 千字
版　　次:2019 年 11 月第 1 版　　　　　　　　　　　印　　次:2023 年 1 月第 8 次印刷
定　　价:58.00 元

产品编号:081369-01

前言

多媒体信息的应用已遍及教育、电子出版、家庭、商业、广告宣传等社会生活的各个方面。文本、音频、图形、图像、动画、视频等都是多媒体产品的基本要素,多媒体技术就是利用计算机综合处理这些基本要素的技术。多媒体技术的应用从根本上改变了人们的时空观念以及学习、工作和生活方式。随着社会信息化步伐的加快,多媒体技术的应用前景将更加广阔。

本书以多媒体技术目前的实际应用为基础,设计和组织全书内容。全书包括"音频获取与处理""图像获取与处理""动画设计与制作""视频获取与处理"四大模块的教学与实验内容,每个模块通过基础理论→基础实验→进阶实验→扩展实验的层层推进,带领学生理解多种媒体信息的数字化过程及原理。以 Adobe CC 系列软件 Audition、Photoshop、Animate、Premiere、After Effects 为实验工具,使学生熟悉主流多媒体处理软件的使用,综合运用多种技术处理数字化音频、图像、动画及视频,为学生的实际生活及未来工作助力。

在数轮授课过程中,本书编者不断改进教学内容和教学方法,力图以更加精简的理论为基础,设计更加有吸引力的实验环节,串联起更加明晰的教学主线,让学生构建起多种媒体的综合处理技术。学生在这门课程中成为勤动手、爱动手、会动手的参与者,通过动手加深对数字化技术的理解,更好地应用多媒体技术,跟上时代发展的步伐。

本书编者从 2012 年开始使用指定教材与自己编写的讲义相结合的方式进行授课,2013 年开始全部采用自己编写的讲义,教师自编的讲义与课程完全适配,学生认可度高,而且通过学生的实践不断地更新和修改,讲义内容越来越完善。此次将这本已经在实践中凝练而成的讲义正式出版成书,为更多教师和学生所用。

本书的编写有以下特点:

第一,设计新颖实用的实验环节。

本书不以理论为出发点,而以实际应用为出发点进行设计。学生一看就知道将来的生活和工作中会用到,才能真正有兴趣并投入地去完成任务。本教程中的所有实验环节,都是经过数轮层层筛选、去粗取精之后保留最具实用性、最具代表性、最能引发学习兴趣的实验环节。

第二,实验全过程讲解,语言描述避开艰涩技术词汇。

多做才能会做,本教程为每个实验环节设计实验要求,并配备图文并茂的讲解,学生可以在课上通过跟练逐渐熟悉多媒体应用技术,也可以在课下按照讲解自行练习。语言描述尽量避开艰涩的技术词汇,提高学生的阅读效率和兴趣。

第三,配备辅助教学平台及多元化学习资料。

本书配备网络辅助教学平台,并提供素材下载地址及视频观看二维码,学生可下载实验素材或手机扫码观看实验操作视频,满足跨时间和空间的学习需要。

第四,提供齐备的教师教学文件及资料。

本书配备教案和教学课件,供教师备课及教学使用,读者可联系编者获得。

对选用本书的教师,编者有以下教学建议:

知识传授与价值引领是育人的基本实现形式。作为一门新技术类课程,要在细微处充分体现其育人功能。在本课程的授课中,突出显性教育和隐性教育相融通,从而实现课程思政的创造性转化。具体可从以下三个方面体现:

第一,课程应采用全过程化考核,每次课程都要按时限提交结果,教师都应按期完成评判及打分,这种积累的过程是一种难得的锻炼,体现"过程就是结局"的理念。

第二,天道酬勤,与时俱进:课程教学采用的技术及软件工具更迭迅速,教师应不断更新教学内容及实验设计,带给学生最新知识,体现"与时俱进"的思想。

第三,在课程的多媒体技术作品中体现出的爱国情怀、法律意识、社会责任、文化自信、人文精神等要素,使这些数字化多媒体作品成为核心价值观教育最具体、最生动的有效载体,体现学生丰富的精神世界,打造他们更美好的思想世界及精神家园。

通过本课程的学习,预期达到以下学习成果:使学生了解文本、音频、图形、图像、动画、视频等多媒体基本要素的数字化原理及过程;掌握使用主流多媒体工具软件处理多媒体要素的方法;掌握综合应用多媒体处理技术建立多种媒体信息之间的联系,并创建人机交互式信息交流与传播媒体。这些学习成果会提升相关工作所需的理论知识与实践能力,并提升学生适应发展的能力以及终身学习能力。

本书面向应用型本科所有专业、高等职业技术的信息技术类相关专业,以及希望使用信息技术解决生活中的多媒体技术需求的人士。

本书由安继芳主笔,侯爽参与了本课程的教学改革及实践工作。编写过程中参考了互联网上公布的一些相关资料,由于互联网上的资料较多,无法一一注明原出处,故在此声明,原文版权属于原作者。其他参考文献列在本书后。

由于作者水平有限,书中难免存在疏漏和不妥之处,希望读者批评指正,以期修订更新。编者邮箱地址:ann@buu.edu.cn。

编　者
2019 年 4 月

目录

contents

第1章

CHAPTER 1

多媒体技术初识

本章学习目标：
- 掌握：媒体、多媒体、多媒体技术的基本概念
- 了解：多媒体技术的主要处理对象
- 了解：多媒体技术的关键技术
- 了解：多媒体系统的构成
- 理解：多媒体技术的未来发展趋势

1.1 多媒体基本概念

1.1.1 媒体

提到"多媒体"，就要从"媒体"这个概念谈起。

媒体(Media)，即信息的载体。承载信息、存储信息、呈现信息、处理信息、传递信息时，都需要媒体。日常生活中有传统的四大媒体：电视、广播、报纸、杂志。此外，还有路牌灯箱等户外媒体，应网络技术而生的网络媒体、新媒体等。而在多媒体技术领域，"媒体"的概念却有所不同。

在多媒体技术领域，媒体是指直接作用于人的感觉器官，使人产生直接感觉的媒体，比如引起听觉反应的声音、引起视觉反应的图像等。

人类是通过感觉器官感知信息的。感知信息的途径包括视觉、听觉、嗅觉、味觉、触觉，也称为五大感官。其中，视觉感官是人类感知信息的最重要途径。人类从外部世界获取信息的70%～80%是从视觉感官获得的。其次是听觉器官，人类从外部世界获取信息的约10%是从听觉感官获得的。另外，人类还通过嗅觉、味觉、触觉获得约10%的信息量。这些直接作用于人的五大感官，使人产生直接感觉的文字、声音、图形、图像、动画、视频等，就是多媒体技术领域里所说的"媒体"。

1.1.2 多媒体

多媒体(multimedia)的英文由 multi 和 media 两部分组成，字面理解即为多种媒体

的综合。按照上面对多媒体技术领域"媒体"一词的定义,它是指融合两种或两种以上感觉媒体的一种人机交互式信息交流和传播媒体。

当计算机能够像人类一样拥有多种感知信息的途径,并可以把两种或两种以上感觉媒体融合到一起,形成多种感觉媒体综合的表现形式时,就可以称其为"多媒体"了。

例如,"多媒体教学系统"不仅提供视觉信息,又融合了听觉信息,能够声像并茂地展示教学内容,这就是典型的"视觉"和"听觉"两种感觉媒体的综合。

当然,基于目前科技发展的状态,计算机的"触觉""嗅觉"和"味觉"等其他感官还没有那么发达,把这些感觉媒体都结合到一起,形成更加复杂的多媒体产品,是未来的发展方向。现在,主要还是"视觉"和"听觉"两种感觉媒体结合的多媒体产品更为普遍。其中,文本、图形、图像、声音、动画、视频等都是多媒体产品的基本要素。

1.1.3　多媒体技术

1. 概念

多媒体技术(multimedia technology),就是将文本、图形、图像、动画、音频和视频等多种媒体信息通过计算机进行数字化采集、获取、压缩或者解压缩、编辑、存储等加工处理,使多种媒体信息建立逻辑连接,集成为一个系统并具有交互性。简而言之,就是利用计算机综合处理图、文、声、像信息的技术。

多媒体技术是 20 世纪 90 年代发展起来的新技术。它综合了计算机、图形学、图像处理、影视艺术、音乐美术、教育学、心理学、人工智能、信息学、电子技术学等众多学科与技术。

2. 主要处理对象

目前,多媒体技术的主要处理对象包括以下内容:

(1) 文本:采用文字编辑软件生成的文本文件,或者使用图像处理软件形成图形方式的文字。

(2) 图像:主要指 GIF、BMP、JPG、PNG 等格式的静态图像。图像采用位图方式,并可压缩,实现图像的存储和传输。

(3) 图形:图形是采用算法语言或某些应用软件生成的矢量化图形,具有体积小、线条圆滑变化的特点。

(4) 音频:人类能够听到的声音,经过数字化后储存在计算机中,采用不同的压缩格式,可以得到不同的音频文件。

(5) 动画:动画有矢量动画和位图动画之分。矢量动画是在计算机中使用数学方程描述屏幕上复杂的曲线,利用图形的抽象运动特征记录变化的画面信息,SWF 格式的动画即为矢量动画;而位图动画则使用多个连续播放的位图画面来描述动作,如微信动画表情的 GIF 格式动画都是位图动画。

(6) 视频:视频是动态的图像。具有代表性的视频文件格式有 AVI 格式以及压缩的 MOV、MP4 等格式。大多数视频文件格式把视频和音频放在一个文件中,以方便同时播放。

真正的多媒体技术涉及的对象是计算机技术的产物,其他领域的单纯事物,例如胶片电影、音箱音响等,均不属于多媒体技术的范畴。多媒体技术处理的对象均采用数字形式存储,形成相应的数字化文件。

3. 关键技术

多媒体技术的关键技术包括以下内容:

(1) 数据压缩与编码技术。

数据化多媒体信息的数据量特别庞大,如果不对其进行压缩,就难以进行实际的应用。因此,数据压缩与编码技术已成为多媒体应用过程中的一项关键技术。

(2) 数字音频技术。

数字音频技术包括声音采集及回放、声音识别技术、声音合成技术、声音剪辑技术等技术内容。

(3) 数字图像技术。

数字图像技术包括图像的采集和数字化,对图像进行滤波、锐化、复原、矫正等操作,对图像进行显示、打印等技术内容。

(4) 数字视频技术。

数字视频技术包括视频采集及回放、视频编辑、三维动画视频制作等技术内容。

(5) 多媒体通信技术。

多媒体通信技术包括多媒体同步技术、多媒体传输技术等内容。

(6) 多媒体数据库技术。

多媒体数据库是数据库技术与多媒体技术结合的产物。它不是对现有数据进行界面上的包装,而是从多媒体数据与信息本身的特征出发,考虑将其引入到数据库中之后带来的有关问题。

(7) 超文本和超媒体技术。

超文本是指文本中遇到的一些相关内容,通过链接组织在一起,用户可以很方便地浏览这些相关内容。而超媒体则不仅可以包含文本,还可以包含图形、图像、动画、声音和视频等,这些媒体之间也是用超级链接组织的。

(8) 虚拟现实技术。

虚拟现实技术是一种多源信息融合的、交互式的三维动态场景和实体行为的系统仿真,使用户能够沉浸到该环境中。理想的虚拟现实应该具有一切人所具有的感知功能,是多媒体技术的高端阶段。

1.1.4　多媒体计算机与多媒体系统

1. 多媒体计算机

多媒体计算机是在普通个人计算机的基础上配备相应的媒体外设而构成的。

多媒体计算机能够播放视频、声音、图形图像、动画或文本,也能够控制诸如录放像机、光驱、合成器和摄像机之类的外延设备。

2. 多媒体系统

一个完整的多媒体系统主要由如下四部分内容组成：多媒体操作系统、多媒体硬件系统、多媒体处理工具软件和用户应用软件。

（1）多媒体操作系统：也称为多媒体核心系统（multimedia kernel system），具有实时任务调度、多媒体数据转换和同步控制、对多媒体设备的驱动和控制，以及图形用户界面管理等功能。

（2）多媒体硬件系统：包括计算机硬件、声音/视频处理器、多种媒体输入输出设备及信号转换装置、通信传输设备及接口装置等。其中，最重要的是根据多媒体技术标准而研制生成的多媒体信息处理芯片、光盘驱动器等。

一般来说，多媒体计算机的基本硬件结构可以归纳为以下七部分：

① 至少一个功能强大、速度快的中央处理器（CPU）；

② 可管理、控制各种接口与设备的配置；

③ 尽可能大的内存空间；

④ 高分辨率显示接口与设备；

⑤ 可处理音响的接口与设备；

⑥ 可处理图像的接口设备；

⑦ 可存放大量数据的配置。

以上是最基本的多媒体计算机的硬件基础，它们构成主机。除此以外，多媒体计算机还可以增加多种扩充配置。

（3）多媒体处理工具软件：或称为多媒体系统开发工具软件，是多媒体系统的重要组成部分。

（4）用户应用软件：根据多媒体系统终端用户要求而订制的应用软件或面向某一领域的用户应用软件系统，它是面向大规模用户的系统产品。

3. 多媒体作品开发

有一套完整的多媒体系统做基础，就可以完成多媒体作品的开发了。具体开发过程可以描述为以下三个步骤：

（1）多媒体作品的制作。

可以用到的设备包括照相机、摄像机、录音设备、扫描仪等。这些设备用于获取各种数字媒体素材。当作品的构思和素材基本就绪后，就要用各种软件和硬件进行编辑，然后直接或经过压缩后存储到设备上，或通过网络传送给用户。

（2）多媒体数据的压缩和存储。

多媒体作品的数据量大，尤其是视频数据，为节省存储器的存储空间，降低对网络传输的带宽要求，需要使用各种有效的压缩技术，对多媒体作品进行压缩和编码。这就需要使用相应的软件或硬件，如压缩和编码器、存储器、光盘刻录等设备。

（3）多媒体作品的发行。

过去，多媒体作品主要通过光盘发行，现在则更多通过互联网发行。网络包括计算机网络、无线网络、移动网络、卫星网络、有线电视网络等。多媒体作品在网上发行要遵循一系列网络协议和标准,才能可靠地发送到终端用户。

1.2　多媒体技术发展概况

目前,多媒体的应用已遍及社会生活的各个领域,如教育应用(教学模拟和演示、视听教材、少儿故事、自然科学、音乐、语文等),电子出版(多媒体百科全书、电子图书、字典等),旅游与地图,家庭应用(家用游戏机、交互式电视、医药娱乐等),商业(员工培训、商品介绍、查询服务等),新闻出版,电视会议,广告宣传等。随着社会信息化步伐的加快,多媒体的发展和应用前景将更加广阔。

多媒体的引进对计算机硬件和软件的发展有着深远影响,多媒体专用芯片、多媒体操作系统、多媒体数据库管理系统、多媒体通信系统等都将得到很大的发展。

1.2.1　多媒体技术的发展历程

多媒体技术初露端倪是 80x86 时代的事情。早在没有声卡之前,显卡就已经出现了,至少显示芯片已经出现了。显示芯片的出现标志着计算机已经初步具备处理图像的能力,但是这不能说明当时的计算机可以发展多媒体技术。20 世纪 80 年代声卡的出现,不仅标志着计算机具备了音频处理能力,也标志着计算机的发展进入了一个崭新的阶段:多媒体技术发展阶段。

1988 年运动图像专家小组(Moving Picture Expert Group,MPEG)的建立又对多媒体技术的发展起到了推波助澜的作用。进入 20 世纪 90 年代,随着硬件技术的提高,80486 以后,多媒体时代终于到来。

自 20 世纪 80 年代之后,多媒体技术发展的速度让人惊叹不已。不过,无论技术多么复杂,似乎有两条主线可循:一条是视频技术的发展,一条是音频技术的发展。从 AVI 出现开始,视频技术进入蓬勃发展时期。这个时期内的三次高潮主导者分别是 AVI、Stream(流格式)以及 MPEG。AVI 的出现无异于为计算机视频存储奠定了一个标准,而 Stream 使得网络传播视频成了非常轻松的事情,MPEG 则是将计算机视频应用进行了最大化的普及。音频技术的发展大致经历了两个阶段,一个是以单机为主的 WAV 和 MIDI,一个就是随后出现的形形色色的网络音乐压缩技术。

从 PC 喇叭到声卡,再到目前丰富的多媒体应用,多媒体正在改变我们生活的方方面面。

1.2.2　多媒体技术的发展方向

总体来看,多媒体技术正在向两个方向发展。

1. 网络化发展趋势

与宽带网络通信等技术相互结合,多媒体技术进入科研设计、企业管理、办公自动化、远程教育、远程医疗、检索咨询、文化娱乐、自动测控等领域。技术的创新和发展将使诸如服务器、路由器、转换器等网络设备的性能越来越高,包括用户端 CPU、内存、图形卡等在内的硬件能力空前扩展,人们将受益于无限的计算和充裕的带宽,它使网络应用者改变以往被动地接受信息的状态,以更加积极主动的姿态参与眼前的网络虚拟世界。

多媒体技术的发展使多媒体计算机形成更完善的协同工作环境,消除空间距离的障碍,也消除时间距离的障碍,为人类提供更完善的信息服务。交互的、动态的多媒体技术能够在网络环境中创建出更加生动逼真的二维与三维场景。人们还可以借助摄像等设备,把办公室和娱乐工具集合在终端多媒体计算机上,在世界任一角落与千里之外的同行在实时视频会议上进行市场讨论、产品设计,欣赏高质量的图像画面。新一代用户界面与智能人工等网络化、人性化、个性化的多媒体软件应用还可使不同国籍、不同文化背景和不同文化程度的人们通过"人机对话"消除隔阂,自由地沟通了解。世界正迈进数字化、网络化、全球一体化的信息时代。信息技术将渗透进人类社会的方方面面,其中网络技术和多媒体技术是促进信息社会全面实现的关键技术。

2. 多媒体终端的部件化、智能化和嵌入化

目前,多媒体计算机的硬件体系结构、视频和音频接口软件不断改进,尤其是采用了硬件体系结构设计和软件、算法相结合的方案,使多媒体计算机的性能指标进一步提高。但要满足多媒体网络化环境的要求,还需对软件作进一步的开发和研究,如对多媒体终端增加文字的识别和输入、汉语语音的识别和输入、自然语言理解和机器翻译、图形的识别和理解、机器人视觉和计算机视觉等智能,使多媒体终端设备具有更高的部件化和智能化。

过去,CPU 芯片设计较多地考虑计算功能,主要用于数学运算及数值处理,随着多媒体技术和网络通信技术的发展,CPU 芯片本身要具有更高的综合处理图、文、声、像信息及通信的功能,因此可以将媒体信息实时处理和压缩编码算法做到 CPU 芯片中。

嵌入式多媒体系统可应用在人们生活与工作的各个方面。在工业控制和商业管理领域,有智能工控设备、POS/ATM 机、IC 卡等;在家庭领域,有数字机顶盒、数字电视、网络电视、网络冰箱、网络空调等消费类电子产品;此外,嵌入式多媒体系统还在医疗类电子设备、多媒体手机、掌上电脑、车载导航、娱乐、军事方面等领域有巨大的应用前景。

第 2 章

chapter 2

音频获取与处理

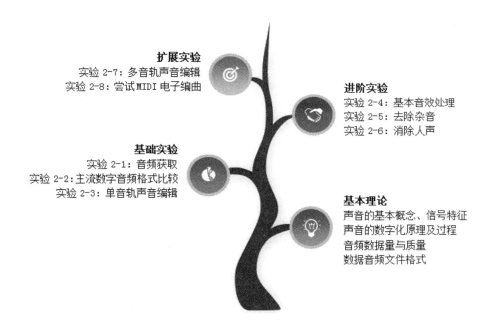

扩展实验
实验 2-7：多音轨声音编辑
实验 2-8：尝试MIDI 电子编曲

进阶实验
实验 2-4：基本音效处理
实验 2-5：去除杂音
实验 2-6：消除人声

基础实验
实验 2-1：音频获取
实验 2-2：主流数字音频格式比较
实验 2-3：单音轨声音编辑

基本理论
声音的基本概念、信号特征
声音的数字化原理及过程
音频数据量与质量
数据音频文件格式

本章学习目标：

- 了解：声音的形成及基本概念、声音的分类、声音的三要素、声音信号的指标
- 掌握：数字化音频的概念、数字化音频的基本参数
- 理解：数字化音频的原理及过程
- 掌握：比特率及数据量的计算方法
- 掌握：常见音频文件的格式
- 掌握：音频的获取与处理方法

2.1　声音的基础知识

在多媒体作品中,声音是重要的多媒体要素。随着多媒体技术的不断发展,计算机获取并处理音频信息的能力已经达到了较成熟的阶段。

2.1.1　声音的基本概念

声音是由物体振动产生的声波,通过介质(例如:空气)向外传播,并能被人的听觉感官所感知的波动现象。正在发声的物体叫做声源。物体在 1s 之内振动的次数叫频率,记作 f,单位是赫兹(Hz)。频率在 $20 \sim 20\,000\,Hz$ 的声波是可以被人耳感知的,因此,$20 \sim 20\,000\,Hz$ 范围的频率称为声音频率,简称为"音频"。

2.1.2　声音信号的基本特征

1. 声音的分类及信号表示

现实中的声音种类繁多,如语音、乐器声、动物发出的声音、机器产生的声音以及自然界的风雨雷电声音等。整体来说,声音可以被划分为以下两类。

一类是不规则声音。由于这类声音不携带信息,也称其为噪声。

另一类是规则声音。包括语音、音乐和音效。其中,语音是由人的发音器官发出,负载着一定的语言意义的特殊媒体;音乐是规范化的符号化了的声音;而音效是人类熟悉的其他声音,如动物发声、机器产生的声音、自然界的风雨雷电等。

这些规则声音是由许多频率不同的信号组成的,称为复合信号。其中,每个单一频率的信号即称为一个分量。每一个分量都表现为正弦波的形式,如图 2-1 所示。在图中,一次振动所用的时间为振动周期,记作 T,单位是秒;1s 内振动的次数则是频率,记作 f,单位是赫兹(Hz),可知 $f = \dfrac{1}{T}$。振动的幅度也称为振幅,用 A 表示。任何复杂的规则声音都可以看成由许许多多频率不同、振幅不同的正弦波复合而成。

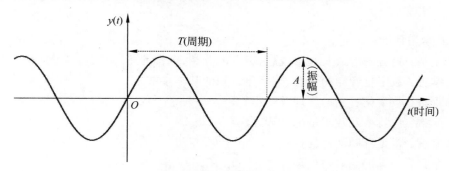

图 2-1　单一分量的正弦波

多个正弦波叠加后的声音波形不再是正弦波的形式。图 2-2 是两条正弦波叠加的示意图。无数个不同振动频率、不同振幅的正弦波叠加在一起,再叠加上其他不规则的分量,就构成了大千世界丰富多彩的声音。

　　人的发音器官能发出的声音频率大约为 80～3400 Hz。男人说话的信号频率通常为 300～3000 Hz,女人说话的信号频率通常为 300～3400 Hz。因此,300～3400 Hz 范围的信号称为语音信号。

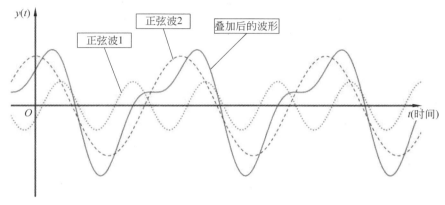

图 2-2　两个正弦波的叠加示例

2. 声音的三要素

　　声音可以从音强、音调和音色三个方面描述,也称为声音的三要素,具体内容如下。

　　(1) 音强:指人耳感觉到的声音强弱,即声音的音量大小。声波振动的振幅越大,声音越强,传播距离越远。音量的单位记为 dB,即分贝。

　　(2) 音调:人对声音频率的感觉表现为音调的高低。对一定音强的单一分量声波,音调随频率的上升而上升,随频率的降低而降低。振动得越快,音调就越高;振动得越慢,音调就越低。频率的单位记作 Hz,即赫兹。在音乐领域,用音阶来表示音调的高低。

　　(3) 音色:音色是指不同声音的频率构成,表现在波形方面总是有与众不同的特性。物体振动时会发出基音,同时其各部分也有复合的振动,各部分振动产生的声音组合称泛音(也称谐波)。所有不同的泛音都比基音的频率高,但强度都相对较弱,所以它盖不过较强的基音。不同的发声体,由于其材料、结构不同,发出的声音音色也就不同,例如钢琴和小提琴的音色就不一样,每个人的音色也不一样。声音除了有一个基音之外,还叠加上了许多不同频率的泛音。音色就是由混入基音的泛音所决定的,高次振动的泛音越丰富,音色就越有明亮感和穿透力。

　　声音音质的好坏主要是衡量声音的上述三个要素是否达到一定的标准,并不由某一个单独的要素决定。即相对于某一频率或频段的音量是否具有一定的强度;在要求的频率范围内、同一音量下,各频率分量的幅度是否均匀、饱满;高次谐波是不是丰富等。

3. 声音信号的评价指标

　　要对不同的声音信号进行量化指标评价,一般有以下 4 种指标。

（1）频带宽度。声音信号的频带宽度越宽,所包含的声音信号分量就越丰富。日常生活中,一些常见声源的频带宽度如图 2-3 所示。

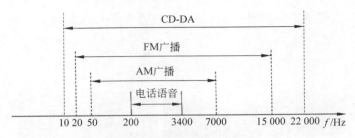

图 2-3　不同声源的频带宽度

（2）信噪比。信噪比是有用信号与噪声之比的简称。信噪比越大,声音质量越好。信噪比的计算公式如下所示。

$$信噪比 = \frac{有用信号的平均功率}{噪声的平均功率}$$

（3）动态范围。动态范围越大,信号强度的相对变化范围越大,则音响效果越好。表 2-1 中列出了常见声源及其动态范围。需要注意的是,人的听觉器官能够感知的音强为 0～120dB。

表 2-1　常见声源及其动态范围

音质效果	AM 广播	FM 广播	数字电话	CD-DA
动态范围/dB	40	60	50	100

（4）主观度量。每个人感觉上的、主观上的测试是评价声音质量不可缺少的部分。当然,可靠的主观值却是较难获得的。

2.2　声音的数字化

声音是听觉感官对声波的感知,而声波是通过空气等介质传播的连续振动,是典型的连续信号。它不仅在时间上是连续的,而且在振动幅度上也是连续的。在时间上的"连续",是指在一个指定的时间范围里声音信号的幅值有无穷多个。在幅度上"连续",是指幅度的数值有无穷多个。这种在时间上和幅度上都是连续的信号称为"模拟信号"。因此,声音信号是一个模拟信号。

计算机只能处理由 0 和 1 构成的二进制数字信息。只有把模拟信号转变为数字信号,用数字来表示声音波形信息,才能够被计算机获取并处理。

2.2.1　声音信号的数字化

声音进入计算机的第一步就是数字化。将音频获取到计算机中有许多方法,例如录音、从 CD 抓轨提取、语音生成等,目的都是将模拟信号转换为数字信号,并形成数字化的音频文件,图 2-4 就是生活中的一些录音场景及设备。要完成声音信号的数字化过程,计算机的硬件系统及软件系统都需要提供必要的支持。

图 2-4　生活中的录音场景

数字化实际上就是采样和量化。连续时间的离散化通过采样来实现,就是每隔一段时间采样一次,这种采样称为均匀采样;连续幅度的离散化通过量化来实现。

音频的数字化过程就是通过采样和量化,对模拟量表示的声音信号进行编码后转换成由许多二进制数 1 和 0 组成的数字音频文件。数字化音频的基本过程可简化为图 2-5 所示。

图 2-5　数字化音频的基本过程

2.2.2　音频数字化的硬件设备

声音适配器又称声卡(Sound Card),主要用于处理声音,是多媒体计算机的基本配置。目前,多数主板上集成了声卡的功能,但声卡也可能以独立形式存在,另外还有许多外置声卡产品等。图 2-6 为独立内置声卡产品示例。

声卡的功能包括如下内容。

(1) A/D(模拟/数字)转换。将模拟的声音转化成数字化声音。经过模数转换的数字化声音以文件的形式保存在计算机中,可以利用声音处理软件对其进行加工和处理。

(2) D/A(数字/模拟)转换。把数字化声音转换成

图 2-6　独立内置声卡产品示例

模拟的声音。转换后的声音通过声卡的输出端送到声音还原设备,如耳机、音箱、音响放大器等。

(3) 实时、动态地处理数字化声音信号。利用声卡上的数字信号处理器对数字化声音进行处理,可减轻 CPU 的负担,还可以用于音乐合成、制作特殊的数字音响效果等。

(4) 提供输入、输出端口。不同参数的声卡端口数量是不同的。不同的端口经常被设计为不同的颜色,以区分其功能。一般来说,声卡的主要输入端口如下。

① MIC:用于从话筒录音。

② LINE IN:用于从其他声音播放设备输入,可连接收音机、电视机、VCD 机。

③ CD-ROM:此端口与 CD-ROM 的音频输出端相连,CD-ROM 播放 CD 音乐时,就能通过声卡发出声音。

声卡的主要输出端口如下。

(1) LINE OUT:音频信号通过此端口传送到音频放大器或有源音箱输入端。

(2) SPEAKER:输出的音频信号经过声卡上的功率放大器放大,能够直接带动耳机或功率较小的音箱。

(3) MIDI:可连接支持 MIDI 的键盘乐器。

2.2.3 音频数字化的原理及过程

音频的数字化过程分为三个步骤:采样、量化和编码。其中,采样环节需要确定采样几条声道波形,每秒采集多少个声音样本。量化环节需要确定每个声音样本要存为几位比特(bit)数。编码环节需要确定采用什么格式记录数字数据,是否需要进行压缩。

1. 采样

采样,即采集声音的样本点,把时间上连续的模拟信号变成离散的有限个样值的信号。如图 2-7 所示,每秒的采样次数称为采样率,单位为 Hz。采样率决定声音的保真度。

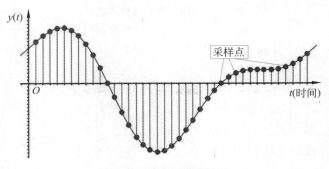

图 2-7 声音的采样过程

采样率为 8000Hz,相当于固定电话的音质效果;采样率为 22 000Hz,相当于 FM(调频)电台效果;采样率为 441 000Hz,就达到了 CD 音质;专业声卡的采样率可以达到 96 000Hz 甚至更高。

采样率的高低由信号本身包含的最高频率决定,信号的频率越高,需要的采样率就越高,但不需要太高。根据奈奎斯特(Nyquist)理论,采样率不应低于声音信号最高频率的两倍,这样就能把以数字表达的声音还原成原来的声音,叫做无损数字化。如果把声音信号看成是由许多正弦波组成的,一个振幅为 A、频率为 f 的正弦波至少需要两个采样样本表示,因此,如果一个信号中的最高频率为 f_{max},采样率最低要选择 $2f_{max}$。例如,语音信号的最高频率约 3400Hz,采样率就至少要选择为 8kHz,才能够保真。

2. 量化

量化,即为每一个样本点确定一定的二进制存储位数,用"位深度"来表示量化时使用的二进制位数,也称为量化精度。

样本位数的大小影响到声音的质量,位数越多,声音质量越高,所需的存储空间也越大;位数越少,声音质量越低,所需的存储空间也越小。如果位深度为 8 位,那么声音从最低到最高只有 256(即 2^8)个级别;位深度为 16 位的声音则有 65 536(即 2^{16})个级别。位深度越高,信号的动态范围越大,数字化后的音频信号就越可能接近原始信号,音质越细腻,但所需要的存储空间也就越大。由于计算机是按照字节(8bit)进行运算和存储的,因此,位深度经常是 8 的倍数。

3. 编码

编码,即编写具体的二进制信息来存储文件。音频模拟信号经过采样与量化之后,为了把数字化音频存入计算机,需对其编码,即用二进制数表示每个采样后的量化值。

编码的作用有两个:一是采用一定的格式来记录数字数据;二是采用一定的算法来压缩数字数据,以减少存储空间并提高传输效率。不同的编码与不同的文件格式对应。例如:WAV、MP3、WMA、APE、FLAC 等。本章 2.2.5 节会对具体的数字音频文件格式进行介绍。

一种最方便简单的编码方法是脉冲编码调制(pulse code modulation,PCM)编码,这是一种最通用的无压缩编码,特点是保真度高、解码速度快,但编码后的数据量大,WAV格式的数字音频文件就是采用的这种编码方式。

4. 声道数

对一条声音波形信息的数字化使用上述三个步骤来完成,如果要数字化的声音需要记录多个波形信息,则需要确定声道数。声道数越多,音质和音色越好,但数字化后所占用的空间也越大。单声道生成一个声波数据。立体声(双声道)每次生成两个声波数据,并在录制过程中分别分配到两个独立的左声道和右声道中输出,从而达到很好的声音定位效果。四声道环绕则需要记录四个声道的信息,从而获得更好的空间感。一个立体声的声音文件可以在工具软件中可视化地看到它的两条波形信息,如图 2-8 所示。

由以上信息可知,在计算机中完成音频的数字化时,需要为计算机提供 4 个重要参数:

- 声道数:声道数越多,音质和音色越好,但数字化后所占用的空间也越大。

- 采样率：采样频率决定声音的保真度，具体来说就是 1s 采样多少次，以 kHz 为单位。
- 位深度：它决定模拟信号数字化以后的动态范围。
- 编码格式：采用一定的格式来记录数字数据，采用一定的算法来压缩数字数据，以减少存储空间并提高传输效率。

使用以上 4 个基本设置参数，计算机通过硬件及软件的支持即可完成音频的数字化过程。

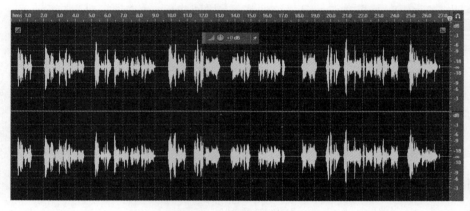

图 2-8　立体声的波形图

2.2.4　数字音频的数据量与质量的关系

如何比较一个数字音频文件的音质呢？比特率(也称数据率、位速、码率)，即数字音频文件每秒钟产生的比特数(单位为 bps(bit per second))，未经压缩的数字音频比特率可以按照以下的公式计算：

$$比特率＝采样率(Hz)×位深度(b)×声道数$$

数字音频文件的比特率越高，意味着单位时间内需要处理的数据量越多，也就表明音频文件的音质越好。但是，比特率高，文件就变大，会占据很多的存储容量，如 MP3 文件的比特率一般是 8～320kbps。

比特率确定后，不同时长的数字音频文件的文件大小就可以计算了。文件大小是用字节(Byte，B)表示的，因此计算公式如下：

$$文件大小(B)＝比特率(bps)×时长(s)÷8$$

例如，图 2-9 中数字音频文件的比特率为 128kbps，时长为 3min 35s，用公式计算文件大小的过程如下所示，与图 2-10 中的大小值相当。

具体计算过程如下：

$$文件大小 ＝(比特率×时长)/8 ＝ (128kbps×(3×60＋35))/8$$
$$≈(128\,000×215)/8 ≈ 3\,400\,000B$$

图 2-9 示例音频文件的比特率

图 2-10 示例音频文件的大小

2.2.5 数字音频的文件格式

音频数字化以后,可以用不同格式存储在计算机中。所谓格式,即数码信息的组织方式。一段音频经过数字化处理以后,所产生的数字信息可以用各种方式编排起来,形成一个个文件。这些文件依据编码方式的差别形成不同的格式。

音频压缩领域有两种压缩方式,分别是有损压缩和无损压缩。

常见的 MP3、WMA、OGG 等被称为有损压缩,有损压缩顾名思义就是在压缩过程中会让原始音频信息受损和失真,它的意义在于输出的音频文件可以比原文件小很多。

另一种音频压缩被称为无损压缩,无损压缩能够在 100% 保存原文件音频数据的前提下将音频文件的体积压缩得更小,而将压缩后的音频文件还原后能够得到与源文件完全相同的 PCM 数据(即 WAV 的编码格式)。目前较流行的无损压缩格式是 APE 和 FLAC。

几种常见数字音频文件格式的具体信息如下:

1. WAV

这是 Windows 系统存储数字音频的标准格式。该格式目前是一种通用的数字声音文件格式,几乎所有的音频处理软件都支持 WAV 格式。WAV 格式存放的是未经压缩处理的音频数据,所以体积都很大(1 分钟的 CD 音质需要大约 10MB 容量),不适合在网络上传播。

2. CD

CD 文件的后缀名为.CDA。标准 CD 格式的采样率是 44.1kHz、位深度为 16 位的立体声文件。因为 CD 音轨是近似无损的,所以它的声音基本是忠于原声的。CD 光盘既可以在 CD 唱机中播放,也能够用计算机里的各种播放软件播放。一个 CD 音频文件是一个.CDA 文件,这只是一个索引文件,并不是真正地包含声音信息,而需要用抓音轨软件把 CD 格式的文件转换成 WAV 格式。因存储空间所限,每张 CD 仅可以存储 10 首左右的歌曲。

3. MP3

MP3 表示的是 MP3 压缩格式文件。MP3 的全称是 MPEG Audio Layer 3。MPEG 音频文件的压缩是一种有损压缩，MPEG3 音频编码具有 10∶1～12∶1 的高压缩率，同时基本保持低音频部分不失真，但是牺牲了声音文件中 12～16kHz 这部分高频的质量来换取减小文件的尺寸。相同长度的音乐文件，用 MP3 格式来存储，一般只有 WAV 文件大小的 1/10，而音质大体接近 CD 的水平，所以 MP3 是目前一种流行的音乐格式。

4. WMA

WMA 是微软公司开发的网上流式数字音频文件格式，其特点是同时兼顾了保真度和网络传输需求，所以具有一定的先进性。这种格式的文件录制时可以调节音质。同一格式的文件，音质好的可以与 CD 媲美，压缩率较高的可以用于网络广播。

5. AMR

AMR 的全称为 Adaptive Multi-Rate，即自适应多速率编码，主要用于移动设备，压缩率比较大，多用于人声、通话。

6. APE

APE 是一种无损压缩音频技术。压缩后的 APE 文件还原后，与压缩前一模一样，没有任何损失。APE 的文件大小约为 CD 的一半。目前，只能把音乐 CD 中的曲目和未压缩的 WAV 文件转换成 APE 格式，MP3 文件即使转换为 APE 格式，也不能还原其损失掉的质量。事实上，APE 的压缩率并不高，但音质保持得很好。

7. FLAC

FLAC 是一套著名的自由音频压缩编码，其特点是无损压缩。将 FLAC 文件还原为 WAV 文件后，与压缩前的 WAV 文件内容相同。这种压缩与 ZIP 的方式类似。现在它已被很多软件及硬件音频产品所支持。

8. MIDI

MIDI(musical instrument digital interface)是数字乐器接口的国际标准。它定义了电子音乐设备与计算机的通信接口，规定了使用数字编码来描述音乐乐谱的规范。计算机根据 MIDI 文件中存放的对 MIDI 设备的命令，即每个音符的频率、音量、通道号等指示信息进行音乐合成。

MIDI 文件的优点是短小。一个约 6 分钟、有 16 个乐器的文件只有 80KB；但 MIDI 文件的缺点是播放效果因软、硬件而异。使用媒体播放机可以播放 MIDI 文件，但如果想得到比较好的播放效果，计算机必须支持波表功能。目前大多数用户都使用软件波表。使用这种软件波表进行播放，可以达到与真实乐器几乎相同的声音效果。

2.3 音频获取与处理

在计算机中,可以选择适用的软件产品完成音频的获取与处理。例如,Windows 操作系统下就有自带的"录音机"功能,可以完成基本的录音及裁剪处理,并可以将音频文件存储为 m4a 格式,Windows 10 自带附件中的录音机功能界面如图 2-11 所示。

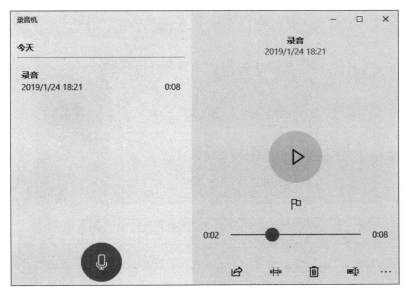

图 2-11 Windows 10 自带的"录音机"功能

当然,这种自带音频处理工具的功能非常有限。想要获得更丰富的音频编辑功能,还有许多可以选择的工具软件。这些音频编辑软件大都具有以下三方面的功能。

(1)编辑处理:包括剪切、复制、粘贴、删除、裁剪、静默等基本编辑功能。

(2)效果处理:包括振幅与压限、延迟与回声、滤波与均衡、降噪与恢复、时间与变调、立体声声像等特殊效果的处理。

(3)合成处理:包括添加轨道、删除轨道、混缩为新文件、节拍器等合成处理功能。

2.3.1 常用音频编辑软件

1. GoldWave

GoldWave 是一款非常简洁小巧的音频编辑软件,支持的音频格式多样,也能够方便地从已有的音频或视频中提取需要的音频文件。它能够完成单个音频文件的基本编辑需求,其基本功能界面如图 2-12 所示。

2. CoolEdit

CoolEdit 具有高品质的音乐采样能力,最高采样频率为 192 000Hz,量化位数达 32

位,支持 22 种音乐文件格式。只要拥有 CoolEdit 和一台配备了声卡的计算机,就等于同时拥有了一台多轨数码录音机、一台音乐编辑机和一台专业合成器。它是 Adobe Audition 产品的前身,Adobe 2003 年 5 月从 Syntrillium Software 公司购买了它,其功能界面如图 2-13 所示。

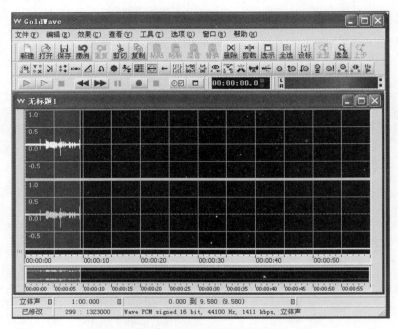

图 2-12 GoldWave 的功能界面

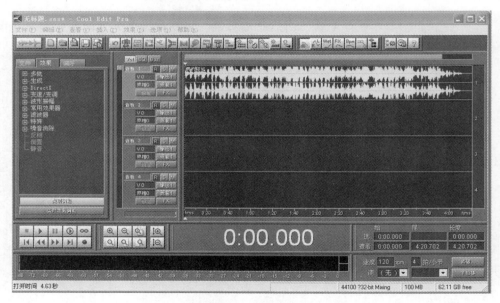

图 2-13 CoolEdit 功能界面

3．SoundForge

SoundForge 是 Sonic Foundry 公司开发的一款专业化数字音频处理软件。这款产品只需要 Windows 兼容的声卡设备建立音频格式，录制和编辑文档。它简单采用 Windows 界面操作，内置支持视频及 CD 的刻录，并且可以保存为多种音频文件格式，包括 WAV、WMA、RM、AVI 和 MP3 等格式，更可以在声音中加入特殊效果。Sound-Forge 只能对单个的声音文件进行编辑，不具备多轨处理能力，它的功能界面如图 2-14 所示。

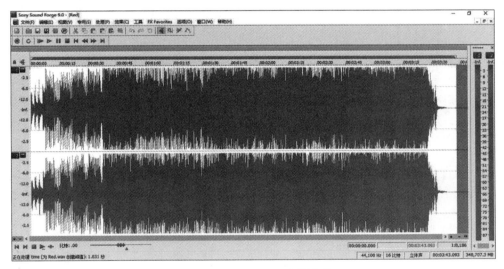

图 2-14　SoundForge 功能界面

4．CuBase

CuBase 是一款强大的音乐创作软件。凭借灵活的工具，它可以快速和直观地创造出各种类型的数字音乐产品。使用 CuBase 可以完成的工作有制作乐谱，创建虚拟仪器、键盘等音乐序列，产生节拍，录制各种乐器或声乐，进行丰富的音频编辑，完成多轨道混音等。它的功能界面如图 2-15 所示。

5．Adobe Audition

Adobe Audition 是一款功能强大、效果出色的多轨录音和音频处理软件，可在普通声卡上最多支持混合 128 个声道，使用几十种数字信号处理效果，具有极其丰富的音频处理效果。它还支持进行实时预览和多轨音频的混缩合成，在多种音频文件格式之间转换。

Adobe Audition CC 2017 的多音轨声音编辑界面如图 2-16 所示。

图 2-15   CuBase 功能界面

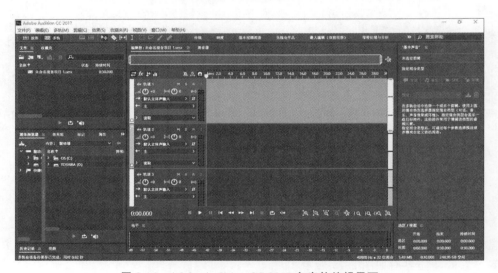

图 2-16   Adobe Audition CC 2017 多音轨编辑界面

2.3.2   音频获取与处理实验

实验 2-1   音频获取

（1）实验要求。

打开 Adobe Audition CC 2017，分别使用列表中两行不同的数字化参数，将以下文字（注：来自《道德经》节选）录制为声音文件，保存为规定的格式，查看文件属性，补充表格内容。

实验 2-1   音频获取

道可道，非常道；名可名，非常名。无名，天地之始；有名，万物之母。

序号	文件格式	采样率/Hz	位深度/位	声道	时长/s	文件大小/B	比特率/kbps
1	1.wav	8000	8	单声道			
2	2.mp3	44100	16	立体声			

（2）实验目的。

理解数字化过程中采样率、位深度、声道数及编码格式对最终文件大小及质量的影响。

（3）预备知识。

进行音频获取与处理的实验之前，要测试音频设备工作是否正常。

如果是在 Windows 7 操作系统下，可以依次单击"开始"→"控制面板"→"声音和音频设备"，打开图 2-17 所示的"硬件和声音"对话框。该对话框下的"声音"控制类选项可以查看和测试声音与音频设备。而在 Windows 10 下，可以打开图 2-18 所示的 Windows 对话框，在系统的"声音"对话框中进行音频设备测试。

图 2-17　Windows 7 下的"硬件和声音"对话框

无论使用的是哪一个操作系统，都可以在音频设备的相应设置窗口中，调整输入和输出设备属性，使声音的输入及输出设备能够满足后续实验的要求。

（4）实验步骤。

步骤 1：打开 Adobe Audition CC 2017，单击"窗口"→"工作区"，可以看到 Audition CC 2017 的工作区有多种选项，如图 2-19 所示，每种工作区都对应一种类型工作的常用

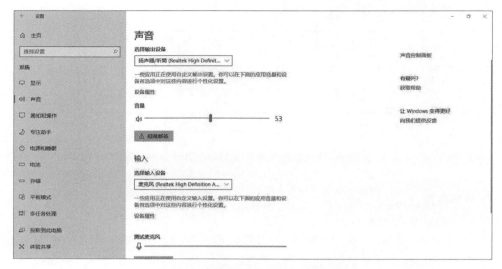

图 2-18　Windows 10 下的"声音"对话框

面板及摆放方式。以下实验步骤使用"默认"工作区设置,如果浮动面板的位置被打乱了,可以选择"工作区"菜单下的"重置为保存的布局"重置各面板的位置。

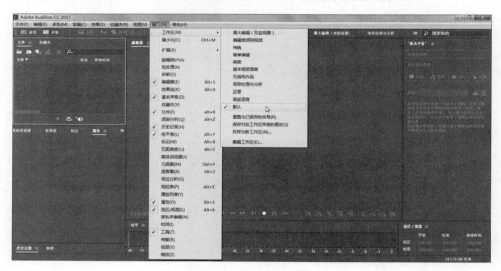

图 2-19　设置工作区

步骤 2:单击"文件"→"新建"→"音频文件",如图 2-20 所示,启动图 2-21 所示的"新建音频文件"对话框。

步骤 3:根据实验要求的参数设置音频文件的采样率、声道数及位深度。例如,表格中"序号 1"实验参数设置如图 2-21 所示。单击"确定"按钮。

步骤 4:在空白的"编辑器"窗口中有一条空白波形等待录制。准备好声音输入设备后单击红色"录制"按钮,即可将声音波形信息实时图形化显示在编辑器中。单击编辑器下方控制区的"停止"按钮,停止录制,具体音频录制界面如图 2-22 所示。在音频数字化的

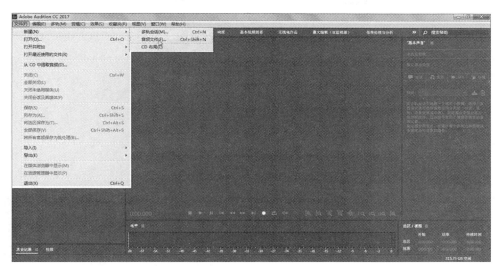

图 2-20　启动新建音频文件

过程中,录制的过程也就是采样和量化的过程。

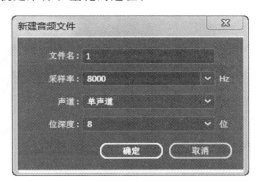

图 2-21　"新建音频文件"对话框

步骤 5:完成录制后,单击"文件"→"保存",开始编码为计算机中存储的二进制文件。在图 2-23 所示的"另存为"对话框中设置编码的格式保存的位置以及文件名,单击"确定"按钮,完成保存。

步骤 6:右击刚刚保存的音频文件,查看文件属性信息,按要求填写表格中的空白内容。接下来重复上述过程,新建文件,按照序号 2 的参数要求再完成一遍采样、量化及编码的音频数字化过程,填写表格,比较两次实验结果的不同。

实验 2-2　主流数字音频文件格式比较

(1) 实验要求。

使用 Adobe Audition CC 2017 录制一句话(录制参数:44 100Hz、立体声、16 位):主流数字音频文件格式比较实验。分别将音频文件保存为以下 4 种文件类型,并查看文件属性,

实验 2-2　主流数字音频
文件格式比较

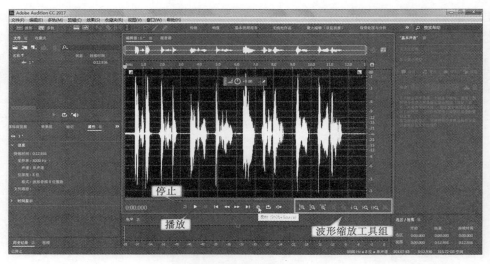

图 2-22　音频录制界面

图 2-23　保存音频文件

填写表 2-2 中的空白信息。

表 2-2　主流音频文件格式比较

文件扩展名	文件类型	文件大小
wav	波形 PCM	
mp3	MP3 音频	
wma	Windows Media Audio	
flac	FLAC 无损文件格式	

（2）实验目的。

了解不同数字音频文件格式的差异。

（3）实验步骤。

步骤 1：打开 Adobe Audition CC 2017。单击"文件"→"新建"→"音频文件"，打开

"新建音频文件"窗口,按照要求设置录制参数。并录制一句话:主流数字音频文件格式比较。语音录制完成后的波形如图 2-24 所示。

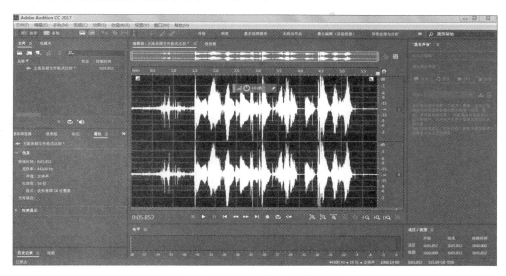

图 2-24　按规定参数完成语音录制

　　步骤 2:录音结束后,单击"文件"→"另存为"(第一次可以选择"存储"),将波形文件做 4 次不同编码格式的保存,在 Adobe Audition CC 2017 中可以编码为图 2-25 所示的多种不同编码格式。

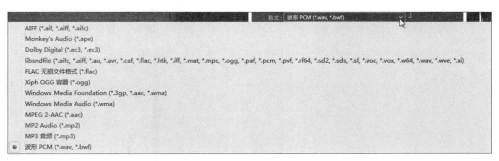

图 2-25　选择不同的编码格式

　　步骤 3:右击已经保存的 4 个声音文件,查看其"属性",并按要求填写表格。

实验 2-3　单音轨声音编辑

　　(1) 实验要求。

　　使用 Adobe Audition CC 2017,按要求的内容对素材文件夹中的"实验 2-3 雾霾原文.wav"文件进行剪辑,完成后的文件另存为"剪辑后.wav"。

　　原文.wav 的内容如下:

实验 2-3　单音轨声音编辑

雾霾天气,指在空气湿度较高情况下,由空气中大量颗粒物引起的混浊现象。而<u>细颗粒物</u>,也就是<u>PM2.5</u>,其浓度越高,看东西就越模糊。PM2.5即大气中直径小于或等于2.5微米的颗粒物,是雾霾天气的元凶。

请将原文剪辑为以下内容:

雾霾天气的元凶是细颗粒物PM2.5。

(2) 实验目的。

掌握单音轨声音编辑的基本方法。

(3) 预备知识。

声音的剪辑指内容的编辑,可以去掉声音中不需要的声音片段,改变声音的先后顺序,连接两段声音,重新组合声音片段等等。

编辑软件中用声音的波形表示声音,这就使得声音成为"可见的",从声音波形可以看出声音的音量,甚至可以知道声音的内容,这就使得声音的编辑像文字编辑的选择、剪切、复制、粘贴一样方便。通过实验,可以基本掌握在波形编辑界面下进行波形的选择工作及编辑方法。

启动 Adobe Audition CC 2017 后,可以看到图 2-26 所示的空白编辑器界面。

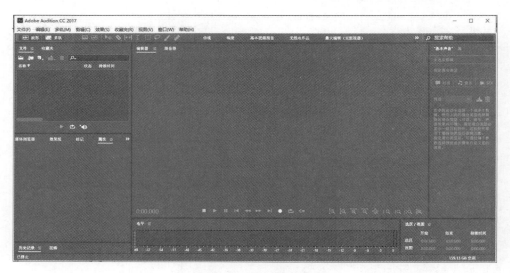

图 2-26　空白编辑器

在界面左上方的"文件"窗口中右击,在弹出的菜单中选择"新建"可以创建一个空白波形文件;选择"打开",可以选择一个已有的声音文件进行编辑;选择"导入"可以在编辑之前预先导入多个声音文件,需要编辑哪一个时,直接在"文件"窗口中双击,即可打开该文件编辑。当打开一个波形文件时,可以在"编辑器"窗口中看到它的波形显示,在波形文件上拖动,向右或向左滑动,即可选择编辑区域。双击则可以全部选中波形。选择编辑区域后,该区域会高亮显示,如图 2-27 所示。

在编辑过程中,如果波形过于紧密,不方便编辑时,可以利用界面左下角的波形缩放

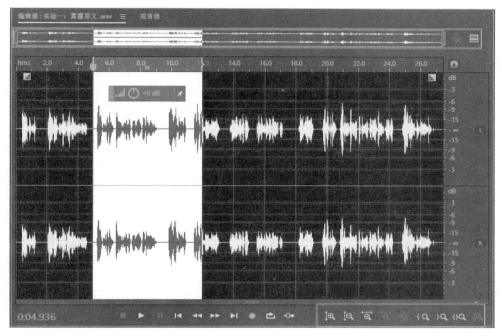

图 2-27 选择编辑区域

控制区对波形进行水平(时间刻度)或垂直(振幅)方向上的放大或缩小,以方便编辑者编辑,这些波形缩放按钮的具体功能如图 2-28 所示。单击"全部缩小",则可以在编辑器窗口中完整显示该波形文件。编辑器上方还有一个完整波形的简图,方便编辑者定位选区。

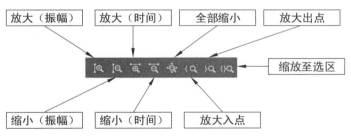

图 2-28 波形缩放按钮

确定编辑区域后右击,可以看到剪切、复制、粘贴等基本的编辑操作,如图 2-29 所示。这些编辑操作就像处理文字一样简单。

(4)实验步骤。

步骤 1:在 Adobe Audition CC 2017 的菜单栏中选择"文件"→"打开",打开"实验 2-3 雾霾原文.wav"素材文件,如图 2-30 所示,这是一个已经录制好的立体声语音文件的波形信息。

步骤 2:在波形上拖动,选择需要编辑的波形片段。例如,选择"雾霾天气的元凶"这几个字的波形片段,如果横坐标轴刻度过密,不能细微选择时,可以通过放大选区得到更

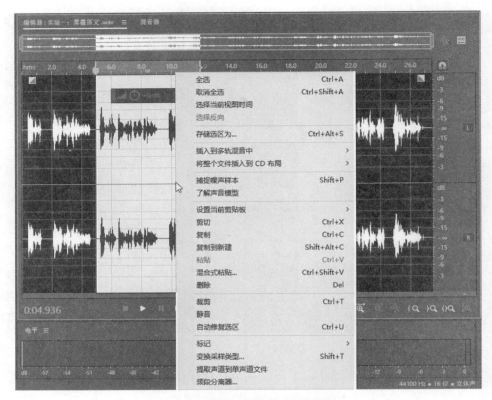

图 2-29 选择区域的基本编辑操作

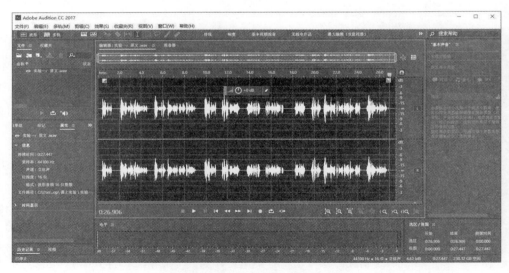

图 2-30 打开已录制好的波形文件

精确的选择片段,如图 2-31 所示。右击,选择将这个波形片段"复制到新建",即可将所选波形片段复制到一个新建的未命名 WAV 文件中。

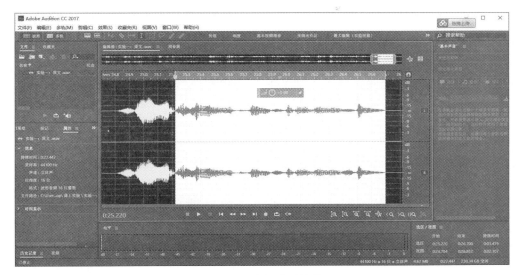

图 2-31　选择波形片段

步骤 3:在 Adobe Audition CC 2017 编辑界面左上角的文件窗口中双击"实验 2-3 雾霾原文. wav"回到原来的素材波形,选择需要的其他波形片段,将它们分别复制到刚刚新建的未命名 WAV 文件的合适位置。一个新的波形文件就这样一点点剪辑完成了,基本剪辑后的未命名波形文件如图 2-32 所示。

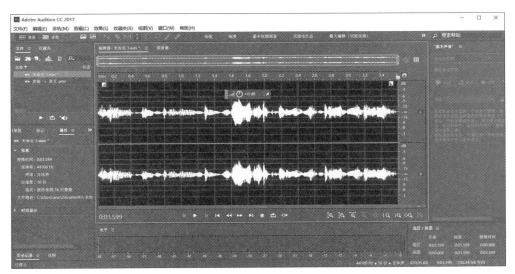

图 2-32　分别复制波形片段到新建文件

步骤 4:选择"文件"→"保存",保存剪辑完成的"未命名 1. wav"文件。

实验 2-4　基本音效处理

（1）实验要求。

使用 Adobe Audition CC 2017 对一个女声录制的 17s 诗朗诵声音文件"实验 2-4 我思想. wav"进行噪声消除操作。去噪后，将诗朗诵处理为语速放慢的 25s 男声效果，并为朗诵添加室内混响效果。最终处理完成的声音文件保存为 mp3 格式。

实验 2-4　基本音效处理

（2）实验目的。

掌握基本的音效处理方法。

（3）预备知识。

① 噪声消除技术（降噪技术、去噪技术）。

背景噪声是一般个人录音中最大的问题。因为房间隔音能力差、环境不安静，造成各种各样的背景噪声，如声卡的杂音、音箱的噪声、家里电器的声音、主机的风扇声、硬盘声，等等。

采样降噪是目前比较科学的一种消除噪声的方式。它首先获取一段纯噪声的频率特性，然后在掺杂噪声的声音波形中去除符合该频率特性的噪声。

为了获得好的声音效果，除录制时使用好的设备和环境外，还可以使用处理软件去除噪声。去除噪声可以除去录制中的微小噪声、磁带嘶嘶声和电流的嗡嗡声等。

② 声音的效果处理。

效果器是提供各种声场效果的音响周边器材。原先主要用于录音棚和电影伴音效果的制作。

数字效果一般都存储有几十种或数百种效果类型，不同的数字音频处理软件提供的效果器不同，使用者可根据需要选择相应的效果类型。

* 常用效果器：淡入/淡出。

淡入和淡出指声音的渐强和渐弱，通常用于声音的开始、结束，两个声音素材的交替切换产生渐近或渐远的效果设置。淡入效果使声音从无到有、由弱到强。而淡出效果则正好相反，声音逐渐消失。淡入与淡出的过渡时间长度由编辑区域的宽窄决定。Adobe Audition CC 2017 中提供的淡入/淡出类效果器如图 2-33 所示。

* 常用效果器：混响。

混响是指把指定编辑区域的声音滞后一小段时间，再叠加到原来的声音上。影响混响效果的参数是叠加声音的音量和滞后时间长度。根据延迟信号的延迟时间和幅度，可以调制出任何大小房间、音乐厅、礼堂、山谷等环境的音响效果。混响时间短，声音干涩，声音就像在近前发出的一般；混响时间长，声音圆润，则具有空旷感。

* 常用效果器：滤波与均衡。

滤波器、均衡器用来强调或者削弱声音中的某些频率。

* 常用效果器：时间与变调。

时间与变调效果器可以伸缩声音和调节声音音调的高低。

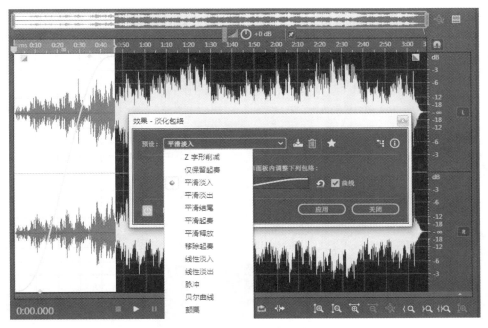

图 2-33　"淡入/淡出"类的效果器

（4）实验步骤。

步骤 1：在"波形编辑界面"录制或打开"实验 2-4 我思想.wav"文件。单击左下方的波形水平放大按钮放大波形，以找出一段适合用作噪声采样波形。拖动，直至高亮区完全覆盖所选的那一段波形，如图 2-34 所示。

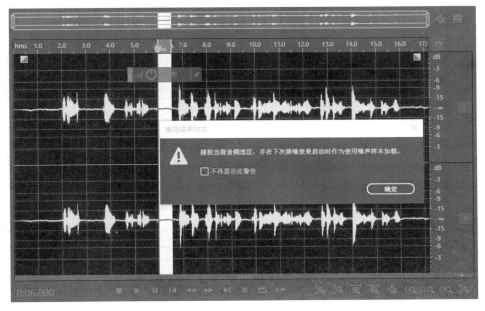

图 2-34　采样噪声样本

步骤2：右击高亮区，选择"捕捉噪声样本"，Adobe Audition CC 2017会把这一段波形作为噪声样本保存下来，并提示"捕捉当前音频选区，并在下次降噪效果启动时作为使用噪声样本加载"。在软件安装目录下，该文件会保存为一个fft文件（用户无须看到），作为下次降噪时的样本使用。

步骤3：有了噪声样本后，就可以在整个声音波形中去除同样特征的噪声。双击完整声音波形，在效果菜单中选择"降噪/恢复"→"降噪（处理）"，打开"效果：降噪"窗口，如图2-35所示。Adobe Audition CC 2017的效果器默认了降噪的一些基本参数来进行常规降噪，如需调整，可自行修改降噪比例及幅度等参数。在效果器左下角还可以单击"预览播放/停止"按钮试听效果。如对降噪效果满意，则单击右下角的"应用"按钮完成降噪工作（如失真太大，说明降噪采样不合适，需重新采样或调整参数，有一点要说明，无论何种方式的降噪都会对原声有一定的损害）。

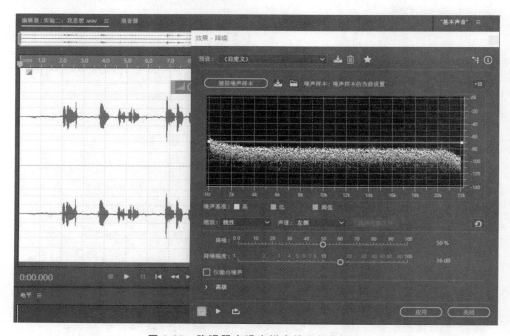

图 2-35　降噪器中噪声样本的可视化显示

步骤4：从图2-36、图2-37可以明显看出降噪前与降噪后的波形差别。当然，如想要得到更好的降噪效果，就需要对一段一段的波形进行细节降噪。

步骤5：将声音波形处理为"25秒的男生"，既涉及音调的变化，又涉及语速的变化。需要对变调和变速进行区别处理。变调需要调整声音波形的振动频率，振动频率越大，音调越高。而变速则仅是时间尺度的紧缩或放大，并不改变音调。双击选中完整波形。在"效果"菜单中选择"时间与变调"→"伸缩与变调（处理）"，使用效果算法可以分别对波形进行变调或伸缩处理，效果器的设置对话框如图2-38所示。

步骤6：在"效果"菜单中选择"混响"→"室内混响"，可以获得声音处于不同房间的混响效果。最后，完成波形文件的保存工作。

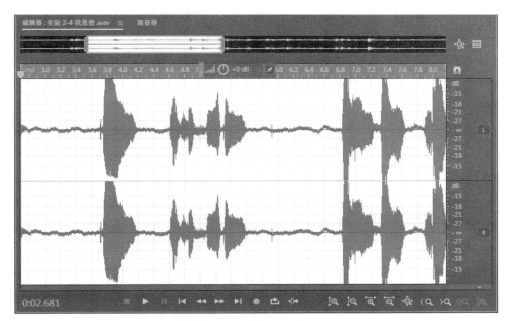

图 2-36　降噪前

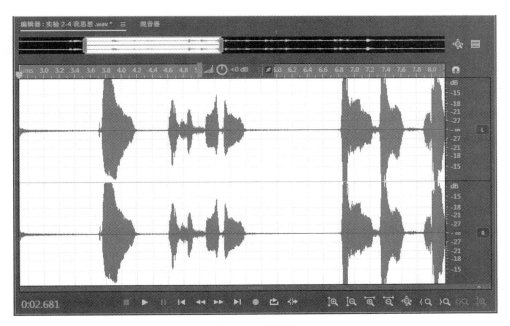

图 2-37　降噪后

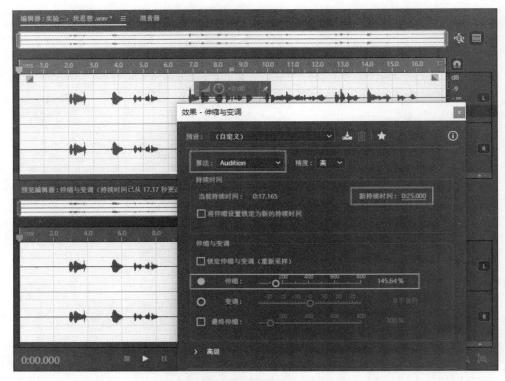

图 2-38　伸缩与变调处理效果器

实验 2-5　去除杂音

（1）实验要求。

去除素材文件夹中"实验 2-5 采访现场.wav"这段现场采访音频中的杂音。

（2）实验目的。

掌握通过频谱视图辨别及去除杂音的基本方法。

（3）实验步骤。

实验 2-5　去除杂音

步骤 1：在 Adobe Audition CC 2017 中打开待处理的声音文件，在编辑器中可以看到它的完整波形。单击"播放"按钮，可以听到这段采访语音的前半段混杂了电话的铃音，而后半段环境噪声特别明显。仅使用波形剪辑的方法无法去除与语音相伴而存的电话铃音。此时，拖动编辑器下边框向上，即可看到声音的频谱信息，如图 2-39 所示。

步骤 2：频谱图中非常明显地显示出一些杂音所在的位置及基本情况。例如，前半段的语音中混入了电话铃音的频谱，能够看到一段横向的异常频带信息。使用编辑器上方工具栏中的"框选工具"，可以在频谱中框选出这些异常频谱，右击，选择"删除"，删除框选的区域频谱，如图 2-40 所示。由于电话铃音所在的频段与人声所在频段有很大差异，因此人声部分并未被影响。

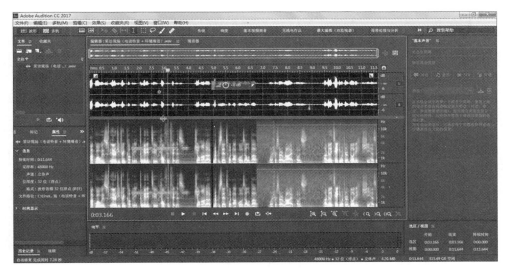

图 2-39　打开声音文件的频谱

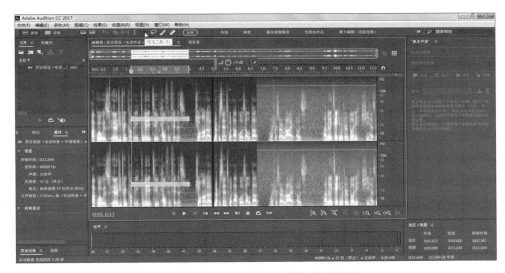

图 2-40　使用"框选工具"选择频谱区域

步骤 3：在后半段的频谱中，高频部分有一条明显的高频鸣音，也可以使用"框选工具"，用框选后删除的方法来消除，如图 2-41 所示。

步骤 4：在后半段的频谱中还有弥漫在所有频段的环境噪声，可以使用前面实验中讲述的"捕捉噪声样本"后再"降噪处理"的方法去除，如图 2-42 所示。

步骤 5：另外，对一些短时杂音，可以使用"编辑器"工具栏中的"污点修复画笔"，用合适笔头大小的画笔涂抹短时杂音的频谱，使之与周围时间的正常频谱一致，从而去除杂音，如图 2-43 所示。

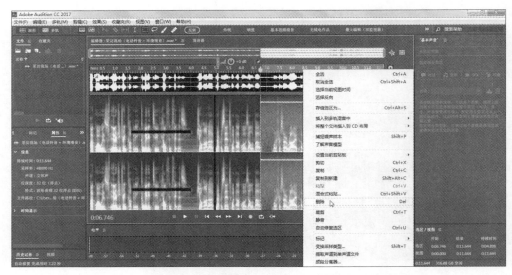

图 2-41　使用"框选工具"选择并删除高频杂音

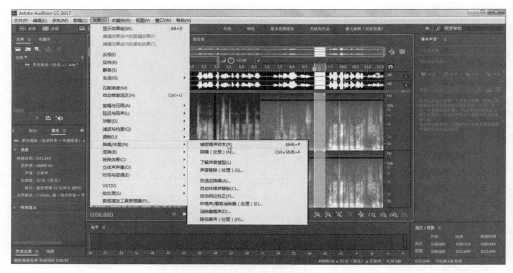

图 2-42　使用"降噪"效果器消除环境噪音

步骤 6：通过应用多种方法，就成功去除了这段现场采访录音中的杂音，形成了较纯净的现场采访语音音频。最后，保存完成后的音频文件。

实验 2-6　消除人声

（1）实验要求。

对素材文件夹中的"实验 2-6 人声消除.flac"歌曲进行去除人声操作。

实验 2-6　消除人声

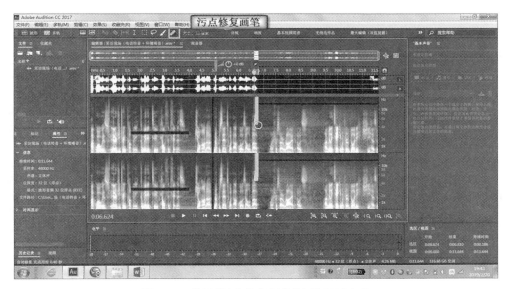

图 2-43　使用"污点修复画笔"去除短时杂音

（2）实验目的。

理解中置声道提取效果器的基本原理,掌握使用中置声道效果器完成歌曲中人声消除的基本方法。

（3）预备知识。

人声消除是一种可以将立体声歌曲中的人声消除的技术。

通常录制唱片的时候,都是采取以下方式:先将人声录制到一个单声道的音轨当中,再将这个音轨插入到立体声的歌曲伴奏中,这样便形成了一首完整的歌曲。混音的时候,通常人声的声波信息平均混合到歌曲伴奏中,也就是说,人声的声波波形在歌曲的两个声道中是相同或相似的,因此可以采取两个声道相减的办法来消除立体声歌曲中的人声。目前,大部分流行歌曲人声的声像在左右声道的分布几乎一模一样。如果将左右任何一个声道的波形"上下反过来",然后将这两个声道的波形叠加在一起,就能消除中间声像的人声信号了。

但是,这样做有时会损失歌曲中的低音。这里的低音是指 400Hz 以下的频段。有的歌曲的低音部分主要由鼓或者贝司组成,由于鼓或者贝司的低音部分在左右声道的波形基本相同,所以消除人声时也会消除音乐的低音部分。因此,想要获取更好的效果,需要对低音进行补偿(注:使用"滤波器"→"动态均衡器"调整"频率"参数,"频率"参数决定了低通滤波器的高音截止频率,在此频率以下的声音会被保留,高于此频率的声音被衰减。所以,如果待处理的是音调较高的女生的歌曲,可以适当提高这个频率,原则上不超过 250Hz,男生建议设置在 150Hz 以下)。

（4）实验步骤。

步骤 1:在 Adobe Audition CC 2017 中选择"文件"→"打开",打开需要去除人声的歌曲文件。对原歌曲进行效果处理:双击波形编辑区,选中整个波形,选择"效果"→"立体声声相"→"中置声道提取器",如图 2-44 所示。在打开的效果器设置窗口中选择"人声移除"的预置选项,"预览"后单击"确定"按钮,得到的就是按默认设置消除人声后的效果。

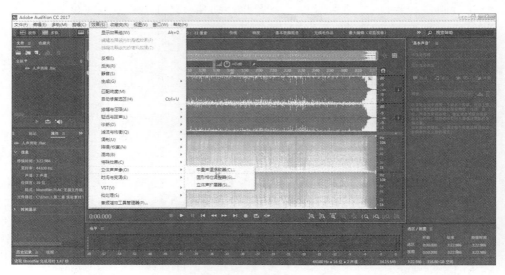

图 2-44 "中置声道提取器"效果

步骤 2:在图 2-45 所示的"效果-中置声道提取"窗口中选择"人声移除"预设,可以默认将中心声道电平降低 40dB,而侧边声道电平则保持不变。在此窗口中,还可以根据需要手动调节各参数,达到对不同人声的更好消除效果。单击左下角的"预览播放"按钮,可以预览效果,单击"应用"按钮,完成音频的效果运算,达到人声移除,只余伴奏音乐的效果。当然,也可以使用同样的算法完成降低侧边声道电平,提高中心声道电平,从而提取人声的反运算。

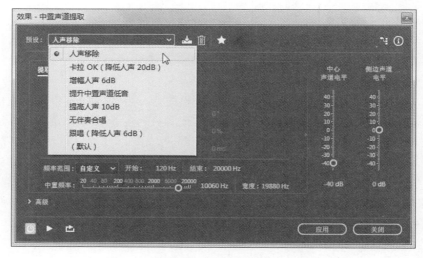

图 2-45 "中置声道提取"效果器参数设置

注意:不是每首 MP3 都能调到如意的效果,要看这歌曲人声与伴音的音量大小。可以一句一句地选取人声音块,再消音,这样效果会更好一些。当然,用同样的效果器设置不同的参数,也可以完成无伴奏人声提取、提高人声等操作。

实验 2-7　多音轨声音编辑

(1) 实验要求。

录制一首诗朗诵(44 100Hz、立体声、16 位),并为诗朗诵配上恰当的背景音乐,制作一个配乐诗朗诵作品。完成后的作品请保存为 mp3 格式的文件。

实验 2-7　多音轨声音编辑

(2) 实验目的。

掌握多音轨声音编辑与混音技术。

(3) 实验步骤。

步骤 1:准备好录制音频文件所需的设备。进入 Adobe Audition CC 2017,在菜单栏中选择“文件”→“新建”→“音频文件”,打开“新建音频文件”的参数设置对话框,如图 2-46 所示。设置需要录制的声音文件的文件名,设置采样率为 44 100Hz(注:相当于CD 音质),设置声道为“立体声”(注:左右两条声道),设置位深度为“16 位”(注：每个采样点量化为16 位二进制位)。单击“确定”按钮,即可打开波形编辑器对话框。

图 2-46　“新建音频文件”参数设置对话框

步骤 2:在图 2-47 所示的波形编辑器界面上,可以对单声道、立体声或 5.1 声道的单个声音文件进行录制与编辑。单击编辑器下方的“录制”按钮,开始声音波形的可视化录制,可以看到声音波形随时间刻度线向右进行记录,对于立体声文件,记录

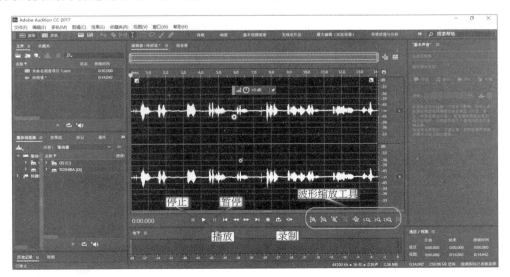

图 2-47　录制诗朗诵的波形编辑器界面

了左声道和右声道两条波形。录制结束时,单击"停止"按钮停止录制。然后,可以使用编辑器右下方的"波形缩放工具",按需要水平、垂直放大或缩小波形,以方便操作所需的波形区域。

步骤 3:在菜单栏中选择"文件"→"保存",可以在"另存为"对话框中将录制的声音文件保存下来。保存时可以设置保存的文件名、位置、文件格式。单击"确定"按钮,完成"诗朗诵.wav"文件的保存,如图 2-48 所示。

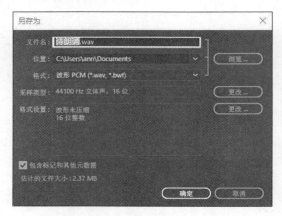

图 2-48　保存录制的声音文件

步骤 4:想要完成伴奏诗朗诵的制作,需要将录制的诗朗诵声音文件与伴奏音乐进行混音合成。此时,需要开启一个"多轨会话"工程来完成相应的工作。在菜单栏中选择"文件"→"新建"→"多轨会话",打开图 2-49 所示"新建多轨会话"对话框,对会话名称、文件夹位置等进行设置。单击"确定"按钮,即可打开"多轨编辑器"界面。

图 2-49　"新建多轨会话"对话框

步骤 5:在"轨道 1"上右击,选择"插入"→"文件",插入录制的"诗朗诵.wav"文件,再使用同样的方法将伴奏音乐插入到"轨道 2"。选择轨道 1 上的音块,可以向右拖动它到合适的位置,伴奏播放一会儿以后,诗朗诵开始,如图 2-50 所示。

步骤 6:单击"播放"按钮查看效果。如果伴奏声音过大,遮盖了人声,可以通过适当降低轨道 2 的音量来突出轨道 1 的人声。具体方法是在轨道 2 处右击,在基本设置中选择适当调整"剪辑增益"的分贝值,修改音量大小。对于诗朗诵结束后轨道 2 中多余的伴

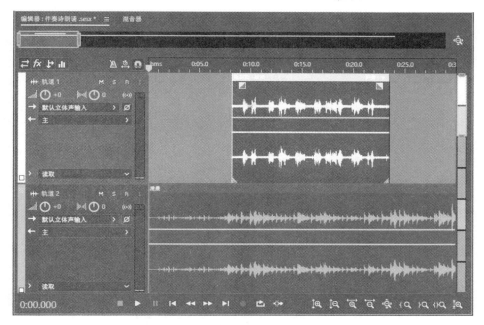

图 2-50　伴奏诗朗诵多轨编辑界面

奏音乐部分,可以使用工具栏中的"切断所选剪辑工具",如图 2-51 所示;在需要断开的位置单击,而后右击不需要的音块,选择"删除"选项,将音块删除。

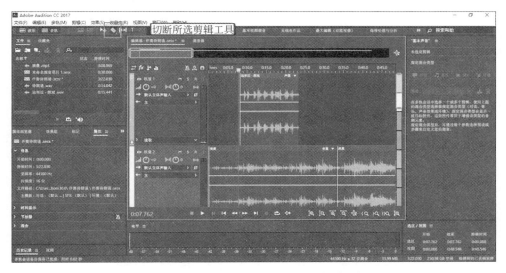

图 2-51　伴奏诗朗诵多轨编辑界面下的轨道剪辑工作

步骤 7:对伴奏音乐进行淡入淡出的设置。在轨道 2 上单击,在音块开始位置可以看到小正方形的"淡入设置"按钮,在音块结束位置可以看到"淡出设置"按钮,分别右击这两个按钮,可以对音块的起始和结束进行线性或余弦方式的淡入及淡出设置,如图 2-52 所示。

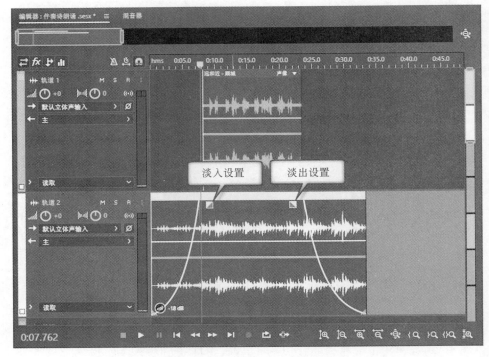

图 2-52　伴奏音乐淡入淡出设置

步骤 8：然后，需要将两条轨道混音合成在一起，才能形成伴奏诗朗诵作品的音频文件。在菜单栏中选择"多轨"→"将会话混音为新文件"→"整个会话"，合成轨道 1 和轨道 2 中的波形文件，形成一个声音文件，如图 2-53 所示。

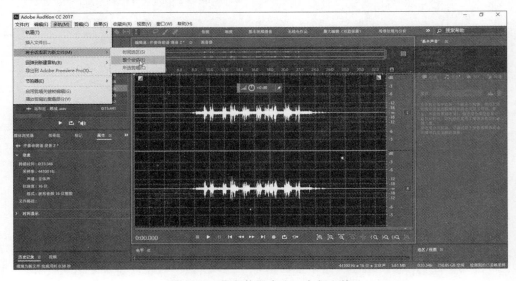

图 2-53　将多轨混音为一个新文件

步骤 9：最后，在菜单栏中选择"文件"→"保存"，打开图 2-54 所示的"另存为"对话框，将这个声音文件保存为 mp3 格式。至此，通过录制、编辑、混音等几个过程，完成了一个伴奏诗朗诵声音文件的制作。

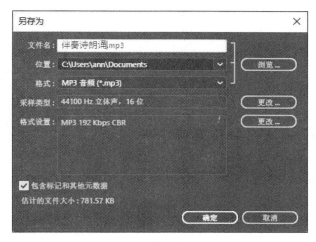

图 2-54 混音结束保存为 mp3 文件

实验 2-8 尝试 MIDI 电子编曲

（1）实验要求。

尝试使用 MIDI 创作软件创作一段自己的 MIDI 音乐。

（2）实验目的。

了解 MIDI 文件的特点及基本实现方法。

（3）预备知识。

MIDI 是用在音乐合成器、电子乐器以及计算机之间交换音乐信息的一种标准协议。可以认为它是一种乐器和计算机之间通话的语音。

MIDI 产生声音的方法与声音波形采样输入的方法有很大不同。它不是将模拟信号进行数字编码，而是把 MIDI 音乐设备上产生的每个动作记录下来。比如，在电子键盘上演奏，MIDI 文件记录的不是实际乐器发出的声音，而是记录弹奏时弹的是第几个键、按键按了多长时间，把这些记录的参数叫作指令，MIDI 文件就是记录这些指令。因此，相同时间长度的 MIDI 音乐文件一般都比波形文件小得多。如果使用 CoolEdit 工具软件打开 MIDI 文件（注：Adobe Audition CC 2017 不支持 MIDI 文件的图形化显示），如图 2-55 所示，会发现它与波形文件完全不同。使用电子编曲的专门软件，可以在计算机中创作出这样的 MIDI 音乐文件。MIDI 软件实际就是一个作曲、配器、电子模拟的演奏系统，可以录制、编写、混声的 MIDI 音乐软件。

MIDI 音乐产生过程如图 2-56 所示。

MIDI 电子乐器通过 MIDI 接口与计算机相连，计算机就可以通过音序器软件采集 MIDI 电子乐器发出的一系列指令，这一系列指令可以记录到以 MID 为扩展名的 MIDI

文件中。在计算机上,音序器可以对 MIDI 文件进行编辑和修改;将 MIDI 指令送往音乐合成器,由合成器将 MIDI 指令符号进行解释并产生波形(波形表合成);最后送往扬声器播放出来。

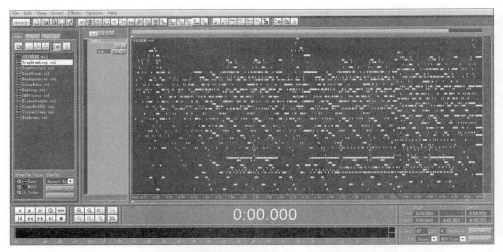

图 2-55　MIDI 文件的图形化显示

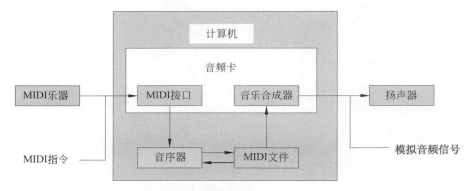

图 2-56　MIDI 音乐文件产生过程

MIDI 的术语包括的内容如下。

① MIDI 指令:是对乐谱的数字描述。

② MIDI 文件:记录存储 MIDI 信息的标准文件格式,MIDI 文件包括音符、定时以及通道选择指示信息。

③ 音序器(也称波表):音序器是为 MIDI 作曲而设计的计算机软件或电子装置,用来记录、播放和编辑 MIDI 音乐数据。音序器有硬件形式的,也有软件形式的。硬件的音序器是一种非常复杂的设备,价格昂贵,现在已经被大多数软件音序器取代。

④ 合成器:是一种电子设备,大多装在声卡上,也称波形软件合成器。它把以数字形式表示的声音转换回原来的模拟信号波形,再送回喇叭,产生声音效果。

⑤ 乐器:不是特指一架电子乐器,而是指合成器可以根据指令合成许多不同音色的

声音,如钢琴、鼓和中提琴等。

（4）实验步骤。

步骤 1：下载并安装共享版"作曲大师 2019 音乐梦想家"。启动音乐梦想家后,会出现向导,如图 2-57 所示,有一些乐曲的常规设置,也可以选择作曲内容是以页面式样打谱还是 MIDI 音乐制作为主,音乐梦想家拥有原汁原味的页面制谱界面和 MIDI 制作界面。

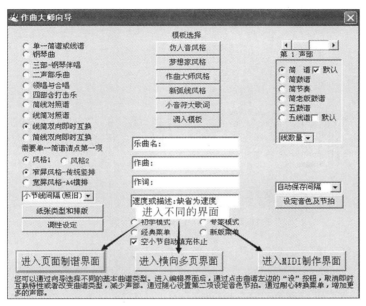

图 2-57　作曲大师向导

步骤 2：自行选择所编曲目的各项参数后进入 MIDI 制作界面,如图 2-58 所示。

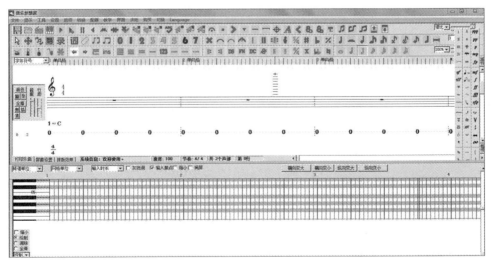

图 2-58　作曲大师 2019 音乐梦想家 MIDI 编曲界面

步骤 3：尝试创作自己的 MIDI 音乐。可以尝试软件的其他功能，简单了解电子编曲的基本过程和配器的基本方法，如图 2-59 所示。

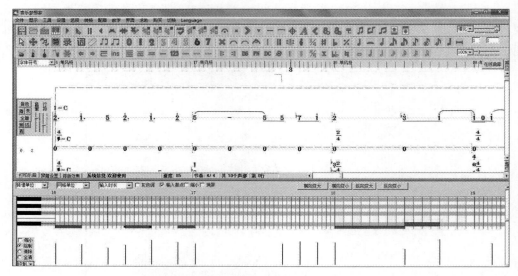

图 2-59 MIDI 编曲界面示例

步骤 4：选择菜单中的"文件"→"转换 MIDI"，将文件保存为 mid 格式的文件，如图 2-60 所示。

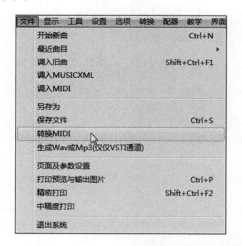
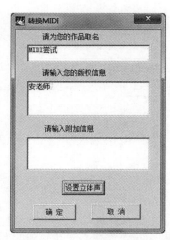

图 2-60 将编曲转换为 MIDI

第 3 章

chapter 3

图像获取与处理

扩展实验
实验 3-12：照片批量处理
实验 3-13：证件照片处理及排版
实验 3-15：多图排版

进阶实验
实验 3-4：人像抠图
实验 3-6：修复老照片
实验 3-7：花朵的仿制与变色
实验 3-11：人像修图
实验 3-14：图像综合处理

基础实验
实验 3-1：数字化图像基本属性
实验 3-2：了解位图图像
实验 3-3：选区的灵活选取
实验 3-5：调色与变形
实验 3-8：手绘枫叶飘飞
实验 3-9：为黑白照片上色
实验 3-10：滤镜的基本使用

基本理论
图像的基本概念
图像的数字化过程
数据量与质量的关系
数字图像的文件格式
图像信号的分类
图像的颜色构成

本章学习目标：
- 掌握：数字化图像的基本概念
- 理解：图像数字化的基本过程
- 了解：主流数字图像文件的格式
- 掌握：数字图像信号的分类，矢量图形与位图图像的比较
- 理解：三基色原理
- 了解：颜色空间及其适用的场合
- 掌握：数字图像的获取与处理方法

3.1 图像的基础知识

3.1.1 图像的基本概念

图像是自然界中多姿多彩的景物和生物通过视觉感官在人的大脑中留下的印记。在人类的发展史上,绘画、雕刻、摄影等艺术形式都是希望能够把这种大脑中的印记保留下来。如果把这印记放到计算机中,就是数字化图像。

人们常说:百闻不如一见。图像是生活中最常用的一种媒体。将图像获取到计算机中,就可以对其进行数字化处理,满足不同的需求。

3.1.2 图像的数字化

如同声音信号是基于时间和幅度的连续函数,在现实空间中,平面图像的灰度和颜色等信号都是基于二维空间的连续函数。计算机无法接收和处理这种空间分布、灰度、颜色取值均连续分布的图像。

图像的数字化,就是按照一定的空间间隔,自左到右、自上而下提取画面信息,并按照一定的精度对样本的亮度和颜色进行量化的过程。通过数字化,把视觉感官看到的图像转变成计算机所能接受的、由许多二进制数 0 和 1 组成的数字图像文件。

对图 3-1 所示的图像,按照一定的空间间隔,自左向右分割为 10 列,自上向下分割为 8 行,共计 10 像素×8 像素,即 80 个小方格,如图 3-2 所示。

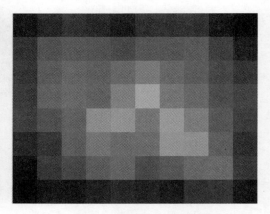

图 3-1　原图　　　　　　图 3-2　分辨率 10 像素×8 像素的图像效果

将每一个小方格称为一个像素(pixel)。画面分割的列数称为宽度像素数;画面分割的行数称为高度像素数。宽度像素数和高度像素数是数字化图像的基本属性。"宽度像素数×高度像素数"称为数字化图像的"分辨率"。

如果用一定位数的二进制信息将每一个小方格的颜色、亮度等信息记录下来,形成一个完整的文件保存在计算机中,这个文件就是一个数字化图像文件。

当然,在提取原图信息时,将画面分割为 10 像素×8 像素,如图 3-2 所示,画质非常模糊。如果将画面分割为 100 像素×80 像素,则获取的图像如图 3-3 所示,已经能够分辨出基本图像内容。如果将画面分割为 1000 像素×800 像素,就已经基本能够接近原始画质了。

图 3-3　分辨率为 100 像素×80 像素的图像效果

3.1.3　图像数字化的基本过程

简单来说,图像数字化需要经过采样、量化和编码三个步骤,基本过程如图 3-4 所示。

采样 —— 量化 —— 编码

图 3-4　图像数字化的基本过程

采样:是对图像函数 $f(x,y)$ 的空间坐标进行离散化处理。分辨率=宽度像素数×高度像素数。例如,图 3-4 的数字化图像分辨率为 691 像素×563 像素。

量化:对每一个离散的图像样本(即像素)的亮度或颜色样本进行数字化处理,每一个像素被数字化为几位 0 或 1 的二进制信息,称为位深度。如果位深度为 1,则每个像素仅有 0 或 1 共 2 个级别；如果位深度为 8，则每个像素可以量化为 8 位二进制，即可以有00000000～11111111 共 256 个级别；如果位深度为 24，则每个像素可以量化为 24 位二进制，共 2^{24} 个级别，约 1600 万个级别。例如，图 3-4 的数字化图像位深度为 24，即每一个像素被数字化为 24 位二进制信息。

编码：采用一定的格式来记录数字数据，并采用一定的算法来压缩数字数据，以减少存储空间和提高传输效率，不同的编码算法对应不同的图像文件扩展名。例如，图 3-4 的数字化图像使用了 JPEG 压缩算法，使数据量大幅度减少，形成了 jpg 格式的文件。

在数字化图像的过程中，需要解决三个问题，也就是要确定三个基本的数字化参数。

第一，分辨率：一幅图像采集多少个图像样本，即记录多少个像素。

第二，位深度：每个像素的亮度与颜色信息应该用几位二进制数来存储。

第三，格式：采用什么格式记录数字数据，以及采用什么算法压缩数字数据。

基于以上三个参数，计算机硬件系统及软件系统共同支持数字化图像过程的完成。

3.1.4　数据量与图像质量的关系

图像在数字化过程中的参数不同，形成的数字化图像的数据量也不同。未经压缩的数字化图像的数据量计算公式如下所示：

$$数字化图像数据量＝分辨率×位深度/8（B）$$

例如：一幅分辨率为 640 像素×480 像素、位深度为 24 的图像，计算其文件的大小如下所示：

$$640×480×24/8＝921\ 600B≈900KB$$

通过计算公式可以看出，图像分辨率越高、位深度越大，数字化后的图像效果就越逼真，但图像数据量也越大。图像的分辨率、位深度和数据量对比如表 3-1 所示。

表 3-1　分辨率、位深度与数据量的关系

分辨率/像素	位深度/b	数据量
640×480	8	300KB
	16	600KB
	24	900KB
800×600	8	469KB
	16	938KB
	24	1.4MB
1024×768	8	768KB
	16	1.5MB
	24	2.3MB

3.1.5　数字图像的文件格式

数据图像文件有很多种不同类型的格式,主要是在文件编码的过程中定义了不同的编码信息和压缩方法。

1. BMP

BMP 全称为 Bitmap,是 Windows 操作系统中的标准图像文件格式。最典型的应用 BMP 格式的程序就是 Windows 的画笔。采用该格式的文件不压缩,占用的磁盘空间较大,图像深度只有 1 位、4 位、8 位及 24 位。BMP 文件格式是当今应用比较广泛的一种格式,但缺点是文件比较大,所以只能应用在单机上,不适合在网络上应用。

2. GIF

图形交换格式(Graphic Interchange Format,GIF)的图像深度从 1 位到 8 位,即 GIF 最多支持 256 种颜色的图像,不适于表现真彩色照片或具有渐变色的图片。当把包含多于 256 色的图片压缩成 GIF 格式时,肯定会丢失某些图像细节。在网页制作中,GIF 格式的图片往往用于制作标题文字、按钮、小图标等。

GIF 文件内部分成许多存储块,用来存储多幅图像或是决定图像表现行为的控制块,实现动画和交互式应用。GIF 文件的数据是经过压缩的,该图像格式在网上广泛应用,其主要原因是 256 种颜色能满足主页图像的基本需要,而且文件较小。

3. JPEG

联合图片专家组格式(Joint Photographics Expert Group,JPEG)是另外一种在网上应用最广泛的图像格式。由于它支持的颜色数多,因此适用于使用真彩色或平滑过渡色的照片和图片。该图像格式是采用 JPEG 压缩技术压缩生成的,可以使用不同的压缩比例压缩文件,其压缩技术十分先进,对图像质量影响不大。因此,可以用最少的磁盘空间得到较好的图像质量,是网络上主流的图像格式。

4. PNG

可移植的网络图片格式(Portable Networks Graphics,PNG)用无损压缩来减小图片文件的大小,同时保留图片中的透明区域。此外,该格式是仅有的几种支持透明度概念的图片格式之一(透明 GIF 的透明度只能是 100%,但 PNG 格式的透明度可以是 0~100%)。它比 GIF 和 JPEG 格式的压缩率要小一些,也就是说,PNG 格式的文件往往要大一些。不过,随着网络带宽的不断加大,该格式将逐步普及,毕竟它具有更强大的表现能力。

5. PSD

PSD 图像格式是 Adobe 公司开发的图像处理软件 Photoshop 自建的标准文件格式。在该软件所支持的各种格式中,PSD 格式存取速度比其他格式快得多,功能也很强大。

它是 Photoshop 的专用格式,里面可以存放图层、通道等多种设计草稿。

6. TIFF

TIFF 图像格式适合于广泛的应用程序,与计算机的结构、操作系统和图形硬件无关。TIFF 的格式灵活易变,因此,对于媒体之间的数据交换,TIFF 是位图模式的最佳选择之一。

7. SVG

SVG 是 Scalable Vector Graphics 的缩写,表示可缩放的矢量图像。它是一种开放标准的矢量图像语言,可以设计激动人心的、高分辨率的 Web 图像页面。

8. 三种常用的 Web 图像格式对比

虽然有很多种计算机图像格式,但由于受网络带宽和浏览器的限制,Web 上常用的图像格式只包括以下 3 种:GIF、JPEG 和 PNG。这三种图像格式的对比如表 3-2 所示。

表 3-2　Web 上三种图片格式对比

图像格式	压缩格式	色彩数量	是否支持背景透明	是否支持透明度	是否支持动画
GIF	有损压缩	256 色	支持	不支持	支持
JPEG	有损压缩	$2^{24} \approx 1600$ 万色	不支持	支持	支持
PNG	无损压缩	$2^{48} \approx 3200$ 万色	支持	不支持	支持

3.1.6　图像信号的分类

数字化图像,可以是通过采样、量化及编码后获取到计算机中的。这种图像是通过对离散化后的像素信息进行数字化而得到的,也称为位图图像。如果一个数字化图像直接就是在计算机中生成的,它的数字化信息则可能不是离散信息的描述,于是就产生了另外一类数字图像信号,即矢量图形。位图图像如图 3-5 所示,矢量图形如图 3-6 所示。

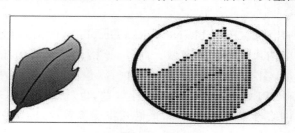

图 3-5　位图图像

位图图像(Bit Mapped Image)指在空间和亮度上已经离散化了的图像,又称点阵图。它由数字阵列信息组成,阵列中的各项数字用来描述构成图像各个像素的亮度与颜色信息。位图图像可以分为单色图像、灰度图像和彩色图像,如表 3-3 所示。

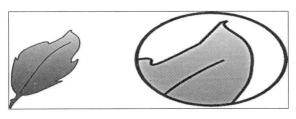

图 3-6 矢量图形

表 3-3 位图图像的分类

单色图像(或二值图像)	灰度图像	彩色图像
图像中只有黑白两种颜色,"0"表示黑,"1"表示白,每个像素只用一个二进制位表示	图像中把灰度分成 256 个等级,用灰度表示层次,每个像素用 8 个二进制数表示	图像把每种颜色分成若干等级,每个像素用多个二进制数表示。如 256 色图像,每个像素用 8 个二进制数表示;真彩色图像,每个像素至少用 24 个二进制数表示

矢量图形是以由数学公式所定义的直线和曲线组成的,内容以线条和色块为主。它不易制作色调丰富或色彩变化太多的图形,并且绘出来的图不是很逼真。编辑矢量图形的软件通常有 CorelDRAW、Illustrator、AutoCAD 等。矢量图形与位图图像的对比如表 3-4 所示。

表 3-4 矢量图形与位图图像比较

图像类型	文件内容	文件容量	显示速度	应用特点
矢量图形	图形指令	与图的复杂程度有关	图越复杂,需要执行的指令越多,显示越慢	易于编辑,适合"绘制",但表现力受限
位图图像	图像点阵数据	与图的尺寸及色彩有关	与图的内容有关	适合"获取"和"复制",表现力丰富,但编辑复杂

3.2 图像颜色构成

视觉是人们认识世界的窗口。客观世界作用于人的视觉器官,通过视觉器官形成信息,从而使人产生感觉和认识。

3.2.1　颜色的来源

由于内部物质的不同,物体受光线照射后产生光的分解现象。一部分光被吸收,其余的被反射或折射出来,成为所见物体的颜色。所以,颜色和光有着密切的关系。

颜色是人的视觉系统对可见光的一种感知结果,感知到的颜色由光波的频率决定。

光波是一种具有一定频率范围的电磁波。电磁波中只有一小部分能够引起眼睛的兴奋而被感觉。

按照电磁波的波长顺序排列,光波可以表示为图 3-7(a)所示的电磁波谱,其中,可见光的波长范围很窄,大约为 380~780mm,如图 3-7(b)所示。

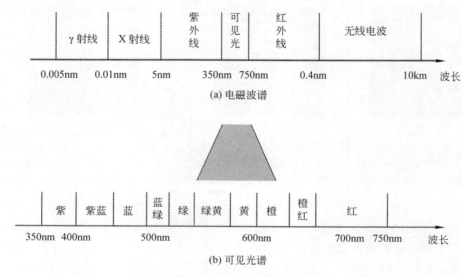

(a) 电磁波谱

(b) 可见光谱

图 3-7　电磁波谱与可见光谱

3.2.2　颜色空间

自然界中的颜色可以分为非彩色和彩色两大类。非彩色指黑色、白色和各种深浅不一的灰色,而其他所有颜色均属于彩色。

颜色空间是组织和描述颜色的方法之一,也可以称为颜色模型。

在一个典型的多媒体计算机系统中,常常有几种不同的颜色空间表示图形和图像的颜色,以对应不同的场合和应用。

- HSB 颜色空间:用色调(Hue)、饱和度(Saturation)、亮度(Brightness)来描述颜色,更符合人的视觉特征。
- RGB 颜色空间:用于计算机彩色显示器。
- CMYK 颜色空间:用于彩色印刷系统或彩色打印机。
- YUV(PAL 制)和 YIQ(NTSC 制)颜色空间:用于现代彩色电视系统。
- Lab 颜色空间:颜色-对立空间,L 表示亮度,a 和 b 表示颜色对立维度。

不同的颜色空间只是同一个物理量的不同表示法,因而它们之间存在相互转换的关系,这种转换可以通过数学公式的运算而得。

在实际应用中,一幅图像在计算机中用 RGB 颜色空间显示;在彩色电视系统中用 YUV 或 YIQ 颜色空间表示;在计算机图像处理中用 RGB 颜色空间或 HSB 颜色空间编辑;在打印和印刷输出时要转换成 CMYK 颜色空间。

3.2.3　HSB 颜色空间

人们对颜色的描述称为 HSB 颜色空间。对人的视觉感官来说,任何一种彩色都具有色相(H)、饱和度(S)和亮度(B)三个属性。非彩色只有亮度特征,没有色相和饱和度之分。

色相(Hue)——人眼看到一种或多种波长光时所产生的颜色感觉,它反映了颜色的种类,是决定颜色的基本特性。有时候也称为色调。

饱和度(Saturation)——也称为纯度,即色度中灰色分量所占的比例。通常使用 0(灰色)~100%(纯色)的百分比来度量。

亮度(Brightness)——光作用于人眼睛时所引起的明亮程度的感觉。通常使用 0(黑色)~100%(白色)的百分比来度量。

3.2.4　RGB 颜色空间

相对于 HSB 颜色空间来说,另一种 RGB 颜色空间则是一个与设备相关的、颜色描述不完全直观的颜色空间。这种颜色空间很难看出其所表示的颜色的认知属性,却可以方便地转变成所需要的其他任何颜色空间。

不同于绘画中使用的三原色原理,自然界中常见的各种颜色光,都可以由 R(Red)、G(Green)、B(Blue)三种颜色的光按照不同比例相配而成,RGB 颜色空间的颜色构成可以简化地用图 3-8 表示,图中的 Y 表示黄色(Yellow)、M 表示 Magenta(品红)、C 表示青(Cyan)。三种基色按不同比例进行合成,就可以引起视觉不同的颜色感觉,合成彩色光的亮度由三基色的亮度之和决定,色度由三基色分量的比例决定。三基色彼此独立,任一种基色不能由其他两种基色配出。随着三基色选取的不同,可以构成任意多种颜色,这就是三基色原理,或称为 RGB 原理。

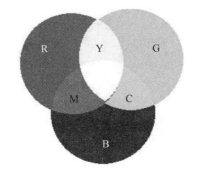

图 3-8　RGB 颜色空间的颜色构成

计算机显示器的色彩是由 RGB 三种色光合成的,可通过调整三个基色调校出其他的颜色。许多图像处理软件都有提供色彩调配的功能,可以输入 R、G、B 各自的数值来调配颜色,也可以直接根据软件提供的调色板来选择颜色。通常情况下,RGB 各有 256 级亮度,用数字表示为 0~255。RGB 色彩共能组合出约 1 678 万种色彩(即 256×256×256=16 777 216)。对于单独的 R、G 或 B 而言,当数值为 0 时,代表这种颜色不发光,如果为 255,则该颜色为最高亮度。图 3-9 列出的是在软件中进行色彩调配时不同的 R、G、B 数值调配出的颜色示例,并可以看出 RGB 颜色空间与其他颜色空间是具有对应关系的。

(a) 黑色 (R0, G0, B0)

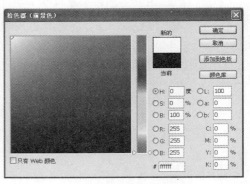

(b) 白色 (R255, G255, B255)

(c) 红色 (R255, G0, B0)

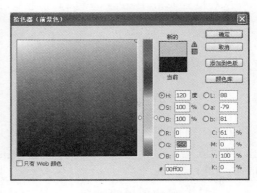

(d) 绿色 (R0, G255, B0)

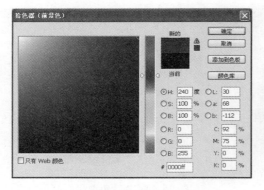

(e) 蓝色 (R0, G0, B255)

(f) 黄色 (R255, G255, B0)

图 3-9　不同 R、G、B 数值与其对应的颜色示例

RGB 模式是显示器的物理色彩模式。这就意味着无论在软件中使用何种色彩模式,只要是在显示器上显示的,图像最终就是以 RGB 方式显示出来。

3.3　图像的获取与处理

数字图像处理又称为计算机图像处理,它是指图像信号转换成数字信号并利用计算机对其进行处理的过程。

数字图像处理的核心是矩阵运算。对于灰度图像而言,一幅 M 像素高和 N 像素宽的图像可以表示为一个 $M \times N$ 的矩阵。对于彩色图而言,可以将彩色图像分为 R、G、B 共 3 个分量,对每个分量而言,也分别是一个 $M \times N$ 的矩阵。

一般来说,对图像进行处理,主要目的有以下三个方面:

(1) 提高图像的视觉质量,如进行图像的亮度、彩色变换,增强、抑制某些成分,对图像进行几何变换等,以改善图像的质量。

(2) 提取图像中包含的某些特征或特殊信息,这些被提取的特征或信息往往为计算机分析图像提供便利。提取特征或信息的过程是模式识别或计算机视觉的预处理。提取的特征可以包括很多方面,如频域特征、灰度或颜色特征、边界特征、区域特征、纹理特征、形状特征、拓扑特征和关系结构等。

(3) 图像数据的变换、编码和压缩,以便于图像的存储和传输。

3.3.1　常用图像处理软件

1. Adobe 产品系列

在 Adobe 产品系列中,有多种与图像处理有关的产品。其中,Photoshop 专注于图像编辑和合成。Lightroom 可以随时随地编辑、整理、存储和共享照片。Illustrator 用于创建矢量图形和插图,InDesign 则面向印刷和数字出版的页面设计和布局。针对不同的领域,可以选择适用的产品。

本章大部分实验使用 Adobe Photoshop CC 2017 作为工具软件,其工具栏包含丰富的图像处理工具,如图 3-10 所示。

2. CorelDRAW

CorelDRAW 是一款强大的多功能图形设计软件。它内置大量工具,功能强大且简单易用,可帮助设计者丰富设计。它具有超过 1000 种顶级字体、1000 张专业高分辨率数码照片、10 000 张通用剪贴画以及 350 个专业模板,帮助用户完成更高质量的项目设计;CorelDRAW 的标牌、传单、名片、车身贴等 Web 图形设计成果可输出到各种介质,支持超过 100 种文件格式,包括 AI、PSD、PDF、JPG、PNG、EPS、TIFF、DOCX 和 PPT。

3. 光影魔术手

光影魔术手是一款简单易用的免费图片处理工具。使用光影魔术手可以对图片进行轻松的后期处理,快速美化、调整图片,还可以快速批量地对图片进行调整大小、添加水印等操作。

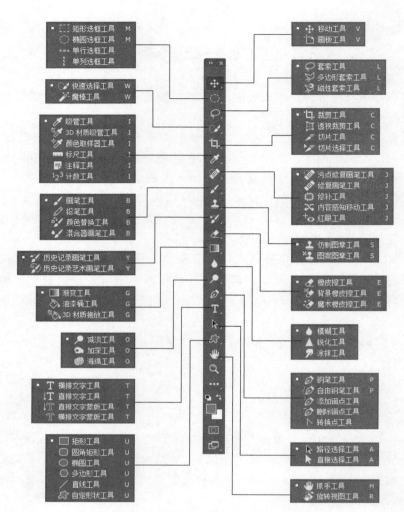

图 3-10　Adobe Photoshop CC 2017 工具栏

4. 美图秀秀

美图秀秀是一款简单易用的免费图片处理工具。它提供的图片特效、美容、拼图、场景、边框、饰品等功能,加上每天更新的精选素材,可以短时间制作出影楼级照片。美图秀秀有 iPhone 版、Windows Phone 版、Android 版、iPad 版及网页版。

3.3.2　图像获取与处理实验

实验 3-1　数字化图像的基本属性

（1）实验要求。

使用 SnagIt 将计算机显示器的全屏幕信息捕获为一张图片,分别将其保存为 BMP、GIF、JPG、PNG 格式的图片。查看

实验 3-1　数字化图像
的基本属性

4 种文件的属性,填写表 3-5。

表 3-5　4 种图像文件属性

文件格式	文件大小	分辨率		位深度
BMP		宽度:	高度:	
GIF		宽度:	高度:	
JPG		宽度:	高度:	
PNG		宽度:	高度:	

(2)实验目的。

了解数字化图像的基本属性及查看方法。

(3)预备知识。

本实验演示选择 SnagIt 为截屏工具,实验者也可以选择其他屏幕截图工具。

注:SnagIt 是 TechSmith 公司一款著名的屏幕、文本和视频捕获、编辑和转换软件,可以捕捉、编辑计算机显示器屏幕上的各种对象,如屏幕范围、窗口、全屏幕、滚动窗口及Web 页、菜单的时间延迟等,并可进行基本的编辑、处理及保存图像的工作,SnagIt 的主界面如图 3-11 所示。

图 3-11　SnagIt 主界面

(4)实验步骤。

步骤 1:使用 SnagIt 的"全屏幕"捕获方案捕获当前计算机显示器上的全屏幕,并分别存储为 BMP、GIF、JPG、PNG 格式的文件。右击文件,查看文件的属性信息,将信息填写在表格的对应空白处。

步骤 2：以 BMP 格式为例，右击该文件，在图 3-12 所示的"常规"选项卡中可以看到文件大小为 3.00MB，在图 3-13 所示的"详细信息"选项卡中则可以查看到该图像的分辨率，即宽度像素值与高度像素值。通过实验也能够清晰看出，同样一幅分辨率的数字化图像，将其编码保存为不同压缩格式时，文件大小会有差异。

图 3-12　图片属性的"常规"选项卡

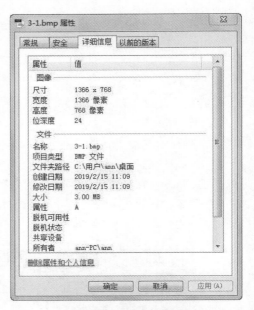

图 3-13　图片属性的"详细信息"选项卡

实验 3-2　了解位图图像

（1）实验要求。

在 Adobe Photoshop CC 2017 中打开素材图片"实验 3-2 .jpg"，按要求完成以下操作，并填写表 3-6 中的空白信息。

实验 3-2　了解位图图像

表 3-6　位图图像信息

操　作	存储为	位深度	文件大小	放大 32 倍后的区域截图
1. 打开"实验 3-2.jpg"	1. bmp	24		
2. 将图片模式转换为灰度	2. bmp	8		
3. 将图片模式转换为位图（单色）	3. bmp	1		

（2）实验目的。

理解数字化位图图像在计算机中的存储方式，理解数据量与图像质量的关系。

（3）实验步骤。

步骤 1：进入 Adobe Photoshop CC 2017；依次单击"文件"→"打开"，选择"实验 3-2.jpg"素材文件，将其打开。在菜单栏中选择"图像"→"模式"，可以看到素材图片的图像模式是 RGB 颜色模式,如图 3-14 所示,R(红)、G(绿)、B(蓝)每个通道的二进制位数为 8 位,即图像位深度为 24,且此素材图片是一个 JPEG 压缩格式的图片。

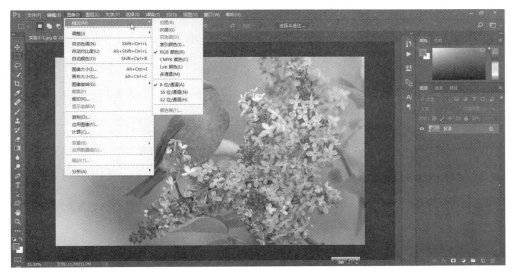

图 3-14　图像→模式

步骤 2:单击"文件"→"存储为",将其保存为原始编码不经压缩的 BMP 格式图像, 在 BMP 选项中选择文件格式为 Windows 格式,图像深度为 24,如图 3-15 所示。将文件 名保存为 1.bmp 后查看 1.bmp 的属性,在"常规"选项卡中可以看到文件的大小如 图 3-16 所示。将此值填写在表格的对应空白处。

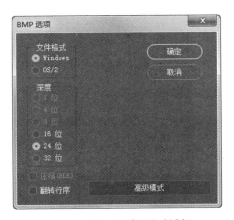

图 3-15　"BMP 选项"对话框

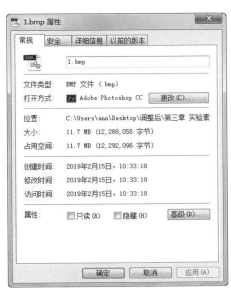

图 3-16　BMP 图片属性"常规"选项卡

步骤 3:在 Photoshop 工具箱中使用放大镜工具,对图片进行 32 倍放大,如图 3-17

所示,并使用 SnagIt 的"范围"捕获方案捕获放大后图片的其中一部分,粘贴到表格的对应空白处,捕获放大区域的操作如图 3-18 所示。

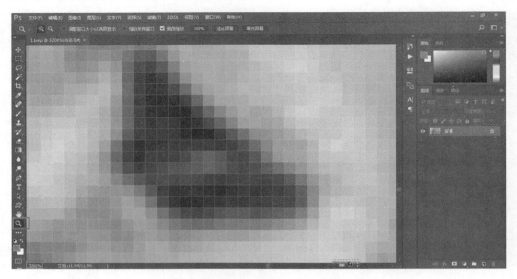

图 3-17 使用"放大镜"放大图像

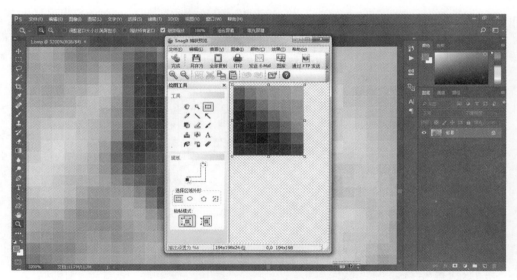

图 3-18 使用 SnagIt 捕获放大区域

步骤 4:继续完成步骤 2,单击"图像"→"模式",将 1.bmp 图像转变为"灰度"模式,存储为 2.bmp,图像位深度为 8,转换过程如图 3-19 所示。在转换过程中,因为要丢掉彩色信息,会弹出图 3-20 所示的信息。使用放大镜对图像进行放大,捕获图片区域的过程如图 3-21 所示,填写表格中的空白信息。

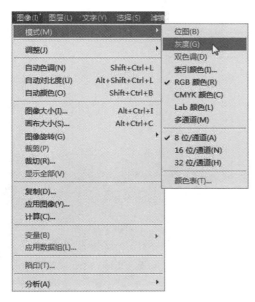

图 3-19　将图像模式转换为"灰度"

图 3-20　"扔掉颜色信息"提示

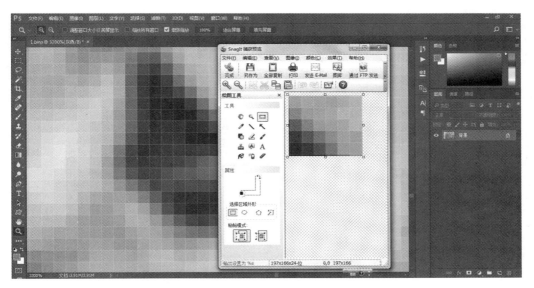

图 3-21　使用 SnagIt 捕获部分灰度图像区域

　　步骤 5：继续完成步骤 3，单击"图像→模式"，将 2.bmp 图像转换为"位图"模式，这里的"位图"实质是"单色图像"，也称为"二值图像"，图像位深度为 1，只有黑和白两种颜色。转换过程如图 3-22 所示，期间会弹出设置位图分辨率的信息，如图 3-23 所示。将图像存储为 3.bmp 后，使用放大镜放大图像，捕获的图片区域如图 3-24 所示，填写表格中对应的空白信息。

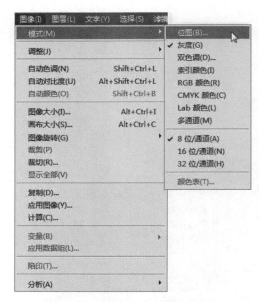

图 3-22　将图像模式转换为"位图"

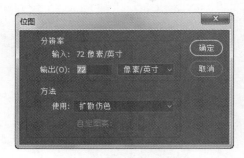

图 3-23　设置位图分辨率

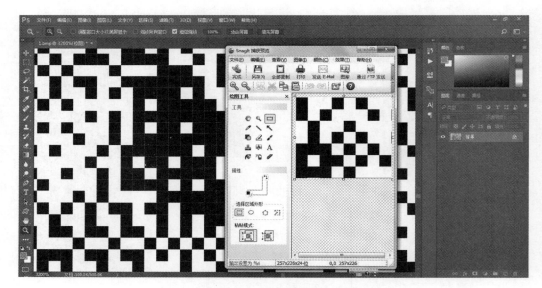

图 3-24　使用 SnagIt 捕获部分位图图像区域

实验 3-3　选区的灵活选取

（1）实验要求。

将素材图片"实验 3-3.jpg"中的 4 样物体，即镜头盖、键盘、记事本、鼠标分别选取出来，放置到一幅新建的图片中，素材图片及标注物如图 3-25 所示。

实验 3-3　选区的灵活选取

图 3-25　素材图片及标注物

（2）实验目的。

　　学会使用选择工具库，包括规则选取工具组、套索工具组、快速选取工具组，灵活使用工具选取需要的图像区域；学会新建图片；学会移动所选区域到新位置；学会保存新建文件。选择工具库的主要工具如表 3-7 所示。

表 3-7　工具库主要工具

工具示意图	工具名称	工具作用
	选框工具	可以建立矩形、椭圆、单行和单列选区
	移动工具	可以移动选区、图层和参考线
	套索工具	可以建立手绘图、多边形（直边）和磁性（紧贴）选区
	快速选择工具	可以使用可调整的圆形画笔笔尖快速"绘制"选区
	魔棒工具	可以选择着色相近的区域

（3）实验步骤。

步骤 1：进入 Adobe Photoshop CC 2017，打开素材图片实验 3-3.jpg。如果想将"镜头盖"所在区域的像素全部选取出来，需要判断它的形状是否规则。如果可以使用选框工具组中的椭圆选框工具选择，则鼠标选择此工具，此时光标会变为一个十字形状，拖动即可选取出一个椭圆区域，选取过程如图 3-26 所示。当然，如果不能一次选取成功，也可以使用菜单栏"选择"菜单下的多种选择工具，如图 3-27 所示，例如"取消选择""扩大选取""变换选区"等对选区进行调整。被选取的区域会有发光的点画线标明。

图 3-26　使用选框工具选择选区　　　　　　　　图 3-27　"选择"菜单

另外，菜单栏下方会有一个工具属性栏，如图 3-28 所示，可以根据需要调整属性取值。例如，椭圆选框工具后方即有"新选区""添加到选区""从选区减去""与选区交叉"四种选取运算方法，并可对选区进行羽化、消除锯齿等操作。

图 3-28　工具属性栏

步骤 2：选取完"镜头盖"像素区域后，希望把这些像素移动到一个新图片中。此时需要选择菜单"文件"→"新建"，打开图 3-29 所示的"新建文档"窗口，自定义新建图片的大小，单击右下角的"创建"按钮，新打开一个空白的图像。在素材图片"实验 3-3.jpg"上使用工具栏上的"移动工具"，即可将刚才选取的选区移动到新建的图像上（为方便操作，可以把新建图像的窗口拖曳出来，形成浮动面板），移动后的效果如图 3-30 所示。

步骤 3：选择"鼠标"选区，它的像素区域不是一个规则的选框，可以尝试"套索工具组"和"快速选取工具组"。例如，选择"套索工具"，拖动鼠标，沿选区边缘选取出一个封闭像素区域，选区的精确与否受控于手工选取的精细度。如果改用"磁性套索工具"，拖

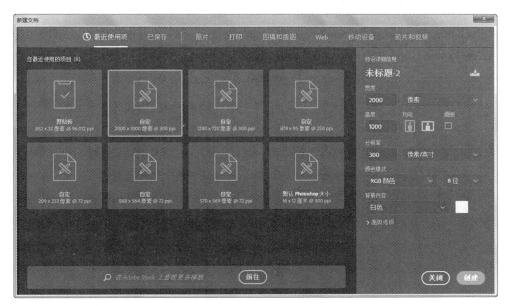

图 3-29　新建文档窗口

图 3-30　移动选区到新建文档

动时会感觉到明显的选区边缘吸附,此时更容易将选区选择出来。使用套索工具的选取效果如图 3-31 所示。

　　步骤 4:对于一些颜色差异不大且边缘较清晰的像素区域,如果用"快速选择工具"或"魔棒工具",也许会达到更快更好的选择效果。例如在图 3-31 中使用"快速选择工具",在所选区域中单击,即可将"鼠标"区域完整地选取出来,具体选取效果如图 3-32 所示。

图 3-31　使用"套索工具组"选择选区

图 3-32　使用"快速选择工具"选择选区

　　步骤 5：同样，使用"移动工具"可以将"鼠标"所在的选区移动到新建的文档中，具体实现效果如图 3-33 所示。灵活选择不同的选择工具，继续选择"键盘"及"记事本"，并最终保存新建的图片文档。

实验 3-4　人像抠图

（1）实验要求。

　　为素材图片"实验 3-4.jpg"更换人像之外的背景（可以使用任意其他颜色，或者其他背景图片）。作品保存为 JPG 格式，更换前

实验 3-4　人像抠图

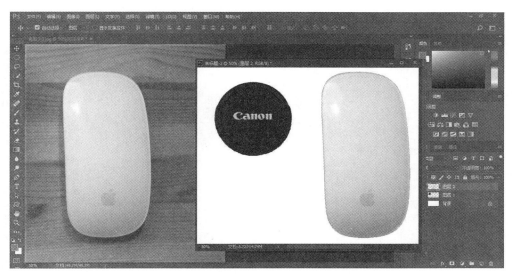

图 3-33　将选区移动到新建文档

与更换后的对比如图 3-34 所示。

(a) 原图

(b) 效果图

图 3-34　人像抠图效果

（2）实验目的。

学会使用"快速选择工具"的特殊属性"选择并遮住"进行复杂选区边缘的调整及选取。

（3）实验步骤。

步骤 1：在 Adobe Photoshop CC 2017 中打开素材图片"实验 3-4.jpg"，使用"快速选择工具"并选择"添加到选区"属性，单击人像部分，尽力选中主体区域，选取效果如图 3-35 所示。

步骤 2：使用"快速选择工具"可以轻松选择人像主体区域，但是头发细碎的那些像素却不容易被选择出来。此时，需要对边缘进行调整。单击"快速选择工具"工具属性栏中和"选择并遮住"按钮，即可打开图 3-36 所示的窗口，屏幕右侧是"属性"窗口，左侧为调

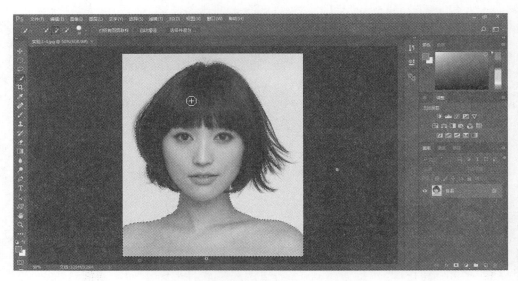

图 3-35   使用"快速选择工具"选择人像主体

整用的"工具"选项。为了更好地查看边缘,可以将属性中的"视图"模式修改为"黑底",此时未选中的区域以灰黑底颜色显示,与选中的区域形成对比。

图 3-36   设置快速选择工具的"选择并遮住"属性

步骤 3:在"选择并遮住"模式左边的工具栏中选择"调整边缘画笔",调整画笔的笔头大小,用涂抹方式处理人物头发部分的细碎边缘。此时,原来未被选中的发梢部分也被选进了选区中,具体效果如图 3-37 所示。完成选区边缘的细化后,单击右下角的"确定"按钮,完成"选择并遮住"的调整工作。

图 3-37　使用"调整边缘画笔"细化边缘选取

步骤 4：如果希望更换背景部分的颜色，需要选中背景部分的像素区域，而此时选中的是人物部分。单击菜单栏"选择"→"反选"，即可选中除刚才选中人物部分之外的其他所有像素，即背景部分。可以使用多种方法更换背景部分的颜色或图案，例如，图 3-38 中使用工具栏中的"渐变工具"，将背景更换为渐变颜色。

图 3-38　更换背景

步骤 5：如果此时在 Photoshop 中打开了另一幅背景图片，例如实验 3-4-2.jpg，可以使用"移动工具"把已经选中并调整好边缘的人物部分选中，移动到背景图片上，实现图像的合成。当然，在合成过程中，两幅图像的分辨率会直接影响合成的最终结果，图 3-39 就是把人像部分较多的像素移到一幅较小像素风景图片上的合成效果。最后，保存更换了背景的图像，完成此实验。

图 3-39　人像与风景图片合成

实验 3-5　调色与变形

（1）实验要求。

使用素材图片"实验 3-5.png"，如图 3-40（a）所示，新建一幅宽度像素为 3000、高度像素为 2000 的图像，效果如图 3-40（b）所示。要求每一个瓶子的颜色、位置及大小都设置为不同效果。

实验 3-5　调色与变形

（a）原图　　　　　　　（b）效果图

图 3-40　调色与变形的效果

（2）实验目的。

掌握图像的基本调色方法；掌握图像或区域的变形操作。

（3）实验步骤。

步骤 1：打开 Adobe Photoshop CC 2017，打开素材图片"实验 3-5.png"，再新建一个 3000×2000 大小的图像。使用选择工具（推荐使用"快速选择工具"）选取瓶子，并使用

"移动工具"将瓶子移动到新建图像上,具体效果如图 3-41 所示。

图 3-41　将选择图像区域移动到新建图像

　　步骤 2:对选区的调色有多种方法,H(色相)S(饱和度)、B(亮度)调色是经常使用的。在新建图像中选择菜单"图像"→"调整"→"色相/饱和度",如图 3-42 所示,即可打开图 3-43 所示的调色对话框,调整三个参数的取值,通过视觉对颜色的直观感觉来调色。

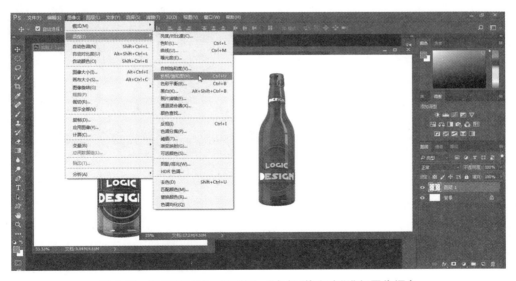

图 3-42　使用"图像"→"调整"→"色相/饱和度"进行图像调色

　　步骤 3:再次选择"实验 3-5.jpg"中已经选取的瓶子,使用"移动工具"再移动一支瓶子到新建图像上,可以采用同样的"色相/饱和度"调色方法调色,也可以使用"图像"→"调整"菜单中的其他调色方法进行颜色调整。选择菜单中的"编辑"→"自由变形",如图 3-44 所示,可以对瓶子进行自由变形,包括缩放、旋转、扭曲等。变形完成时,单击上方

图 3-43 "色相/饱和度"对话框

工具属性栏的"提交变换"对勾,确认变形操作。

图 3-44 使用"编辑"→"自由变形"进行图像变形

步骤 4：使用同样的方法,再移动第三个瓶子到新建图像上,完成调色和变形处理,效果如图 3-45 所示。最终,保存处理完成的新建图像。

实验 3-6 修复老照片

（1）实验要求。

请把素材图片"实验 3-6.jpg"中残损人像照片的面部修复好,修复完成后的图像保存为 JPG 格式,本实验的素材及结果示例如图 3-46 所示。

实验 3-6 修复老照片

图 3-45　重复调色与变形步骤

(a) 原图　　　　　　(b) 效果图

图 3-46　修复人像照片

（2）实验目的。

掌握以下修饰工具的作用和基本使用方法，如表 3-8 所示。

表 3-8　修饰工具

工具示意图	工具名称	工具作用
	污点修复画笔工具	可以移去污点和对象
	修复画笔工具	可以利用样本或图案修复图像中不理想的部分

续表

工具示意图	工具名称	工具作用
	修补工具	可以利用样本或图案修复所选图像区域中不理想的部分
	红眼工具	可以移去由闪光灯导致的红色反光

（3）实验步骤。

步骤 1：在 Adobe Photoshop CC 2017 中打开素材图片，对于一些点状面积不大的破损区域，可以在工具栏中选择"污点修复画笔工具"，并在工具的属性栏中设置合适的笔头大小，在破损位置单击，即可修复污点位置，如图 3-47 所示。

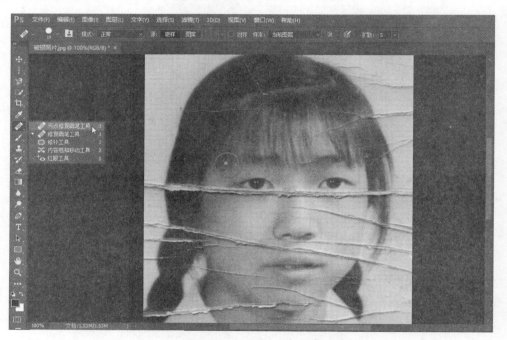

图 3-47　使用"污点修复画笔工具"修复小面积破损

步骤 2：对于破损面积较大的像素区域，需要先手工确定修复"源"像素区域，而后用"源"去修复破损目标区域。这时就需要使用"修复画笔工具"来完成。选择修复源时，需要按住 Alt 键，而后单击选中的"源"区域。松开 Alt 键后，再用鼠标单击需要修复的"目标"区域即可。选一次源，修复一个目标区域，这样，每个目标区域的修复都选择自最适合它的"源"，如同打补丁一样，完成各个区域的修补。如想获得最好的修复效果，需将图片放大到足够大,每次修复的区域尽量小,操作越细致,效果越好。具体操作如图 3-48 所示。修复完成后,按要求保存结果。

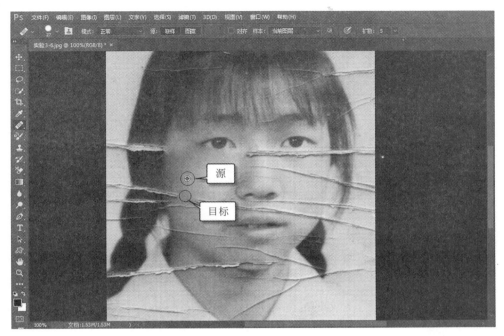

图 3-48 使用"修复画笔工具"修复大面积破损

实验 3-7 花朵的仿制及变色

(1)实验要求。

按要求处理素材图片"实验 3-7.jpg",完成后的图像保存为 JPG 格式,本实验的素材及结果示例如图 3-49 所示。

实验 3-7 花朵的仿制及变色

(a)

(b)

图 3-49 仿制花朵及变色

(2)实验目的。

掌握图章及橡皮擦工具的作用和基本使用方法,如表 3-9 所示。

表 3-9　图章及橡皮擦工具

工具示意图	工具名称	工具作用
	仿制图章工具	可以利用图像的样本来绘画
	图案图章工具	可以使用图像的一部分作为图案来绘画
	颜色替换工具	可以将选定颜色替换为新颜色
	橡皮擦工具	可以抹除像素并将图像的局部恢复到以前存储的状态
	背景橡皮擦工具	可以通过拖动将区域擦抹为透明区域

（3）实验步骤。

步骤 1：在实验效果图中，花朵数量增加了两朵，使用的是仿制图章工具，仿制了原图中的两朵花。在 Adobe Photoshop CC 2017 中打开素材图片，单击工具栏中的"仿制图章工具"，选择仿制源时按住键盘上的 Alt 键，单击选择仿制源，而后松开 Alt 键，到目标位置绘制出目标区域的仿制像素信息，具体实现过程如图 3-50 所示。

步骤 2：将选定特征像素点的颜色值替换为其他颜色，需要使用工具栏中的"颜色替换工具"。在右方"颜色"窗口中选择一种前景色，使用合适笔头大小的颜色替换工具，将光标圆圈的中心十字保持在需要替换的颜色区域内，即可完成对某种颜色值的替换，具体的实现过程如图 3-51 所示。完成仿制及替换颜色的处理后，按规定格式保存实验结果。

实验 3-8　手绘枫叶飘飞

（1）实验要求。

手绘一幅 800 像素×600 像素的枫叶自由飘飞图片，保存为 JPG 格式。

实验 3-8　手绘枫叶飘飞

图 3-50 使用"仿制图章工具"仿制花朵

图 3-51 使用"颜色替换工具"改变花朵颜色

（2）实验目的。

掌握画笔工具的作用和画笔属性的设置方法，如表 3-10 所示。

表 3-10 画笔工具

工具示意图	工具名称	工具作用
	画笔工具	可以绘制画笔描边
	铅笔工具	可以绘制硬笔描边

（3）实验步骤。

步骤1：在 Adobe Photoshop CC 2017 中选择"文件"→"新建"，新建一幅 800 像素×600 像素的图片，新建文档窗口如图 3-52 所示。

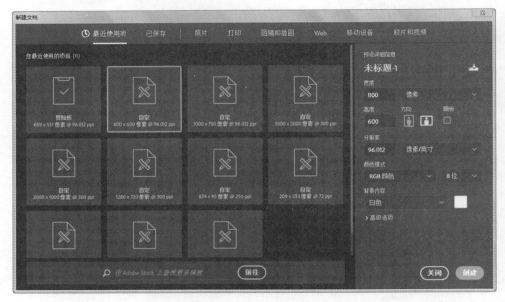

图 3-52　"新建文档"窗口

步骤2：在工具栏中选择"画笔工具"，并将笔头形状调整为枫叶形状，设置笔头大小，对话框如图 3-53 所示。单击画笔工具栏中的"切换画笔面板"，打开图 3-54 所示"画笔属性"面板，动态设置各项参数，才能获得颜色动态变化、形态动态变化的枫叶自由飘飞状态。完成绘制后，按规定保存结果。

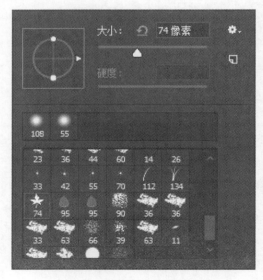

图 3-53　画笔笔头调整对话框

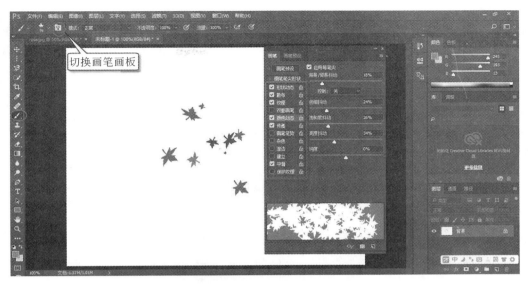

图 3-54　"画笔属性"面板

实验 3-9　为黑白照片上色

（1）实验要求。

请为素材图片"实验 3-9.jpg"中的黑白照片进行上色处理（具体颜色自定），本实验的素材及结果示例如图 3-55 所示。

实验 3-9　为黑白照片上色

(a)　　　　　　　　　　　　　(b)

图 3-55　为黑白照片上色

（2）实验目的。

理解图层的概念；掌握图层的基本操作及图层混合方式。

（3）实验步骤。

步骤 1：在 Adobe photoshop CC 2017 中打开素材图片。这幅图像中的每一个像素点原本就没有彩色信息，需要在每一个像素点上增加 R、G、B 各分量的信息，而又不能破坏原始图像及明暗对比等。在右下方的"图层"面板中单击"添加新图层",背景层之上添加了一个新的"图层1"。在工具箱中调整前景色的R、G、B值为自定义的皮肤颜色(本演示使用R246、G207、B176),具体操作如图3-56所示,然后使用画笔工具在人物的肤色部分涂抹。

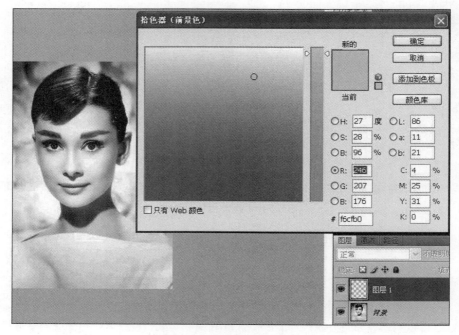

图 3-56　调整前景色为肤色

步骤2:此时,图层1的像素信息会将背景层人物的面部等肤色信息全部遮挡,"图层1"和"背景"两层的图层混合模式为"正常"。如果在图层面板左上方的下拉菜单中将图层混合模式修改为"叠加"或"颜色加深",如图3-57所示,则两个图层的像素信息就会更好地融合。

步骤3:选择菜单中的"图像"→"调整",调整图层1的亮度、对比度等,使之更加自然。唇色、衣服等的上色步骤与肤色的上色过程一样,只需在各自的新建图层中涂色,调整多个图层的混合模式,并进行进一步的调色处理,即可得到较好的上色效果。完成处理后,按规定对实验结果进行保存。

实验 3-10　滤镜的基本使用

(1) 实验要求。

请将素材图片"实验3-10.jpg"处理为手工素描效果,本实验的素材及结果示例如图3-58所示。

(2) 实验目的。

理解滤镜的概念,掌握滤镜的基本使用方法。

实验 3-10　滤镜的基本使用

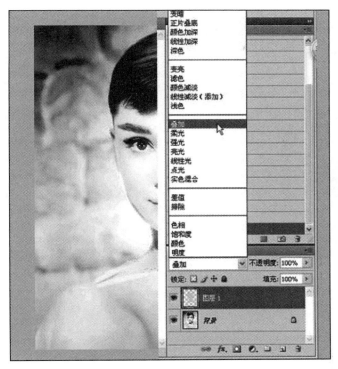

图 3-57　设置图层混合模式为"叠加"

(a)

(b)

图 3-58　滤镜的使用效果

（3）实验步骤。

步骤 1：在 Adobe Photoshop CC 2017 中打开素材图片，选择菜单中的"图像"→"调整"→"去色"，将图片转换成黑白图片，效果如图 3-59 所示。

图 3-59　图像去色

步骤 2：在图层面板中右击"背景"图层，选择复制图层，得到一个副本图层。选择菜单中的"图像"→"调整"→"反相"，将副本图层调整为"反相"效果，具体效果如图 3-60所示。

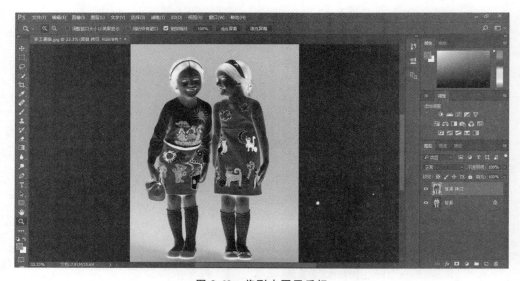

图 3-60　将副本图层反相

步骤 3：将副本图层的图层混合模式选为"颜色减淡"，这时图片会淡得几乎什么也看不见。具体效果如图 3-61 所示。

步骤 4：对"背景副本"图层应用滤镜，在"滤镜"菜单下选择"模糊"→"高斯模糊"，模糊半径值可根据需要的素描线条粗细深浅来设置，具体操作及效果如图 3-62 所示。

图 3-61　将副本图层的混合模式选为"颜色减淡"

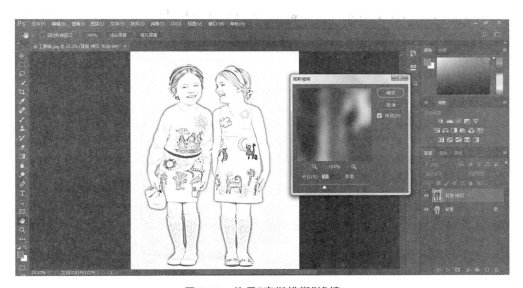

图 3-62　使用"高斯模糊"滤镜

实验 3-11　人像修图

（1）实验要求。

完成对素材图片"实验 3-11.jpg"的人像修图。

（2）实验目的。

掌握修饰工具的作用及基本用法；掌握使用液化滤镜进
行人像修图的基本方法，如表 3-11 所示。

实验 3-11　人像修图

表 3-11　修饰工具

工具示意图	工具名称	工具作用
	模糊工具	可以对图像中的硬边缘进行模糊处理
	锐化工具	可以锐化图像中的柔边缘
	涂抹工具	可以涂抹图像中的数据
	减淡工具	可以使图像中的区域变亮
	加深工具	可以使图像中的区域变暗
	海绵工具	可以更改区域的颜色饱和度

（3）实验步骤。

步骤 1：在 Adobe Photoshop CC 2017 中打开素材图片，使用"放大镜"工具放大图像，查看像素细节。对于一些范围较小又明显与周围像素差异较大的区域，如图 3-63 所示的面部的一些雀斑、额头的皱纹等，可以使用"污点修复画笔工具"快速去除。

步骤 2：对面部的皮肤、额头等面积较大的像素区域，使用"模糊工具"处理，模糊掉像素差异，使颜色更为均匀，具体操作如图 3-64 所示。

步骤 3：对眼睛下方的黑眼圈、脖颈的阴暗处，都可以使用"减淡工具"使颜色变浅，具体操作如图 3-65 所示。

步骤 4：精修图片，将像素放大到足够清晰。综合使用多种修饰工具，达到较好的修图目的。当然，还有更进一步的数学算法，能够满足更复杂的处理需求。

图 3-63 使用"污点修复画笔工具"进行小面积修复

图 3-64 使用"模糊工具"进行磨皮修复

图 3-65 使用"减淡工具"进行颜色调整

　　步骤5：单击菜单中的"滤镜"→"液化"，打开图3-66所示的"液化"窗口，这个滤镜应用了人脸识别技术，应用图3-67所示的"脸部工具"，对人脸的"眼睛""鼻子""嘴唇"进行细化调整，达到人脸修正的目的。完成人像的修图处理后，保存实验结果。

图 3-66　"液化滤镜"面板

图 3-67　人脸识别液化处理

实验 3-12　照片批量处理

　　（1）实验要求。

　　使用批量自动化处理功能，给"实验 3-12 批量"文件夹中的所有图片添加照片卡角。本实验的素材及结果如图 3-68 所示。

实验 3-12　照片批量处理

(a) 素材

(b) 效果图

图 3-68　照片批量处理

（2）实验目的。

了解动作面板,掌握图像的批量自动化处理方法。

（3）预备知识。

进行图像处理时,经常需要对某些图像进行相同的处理,包括使用相同的处理命令和参数。如果每次都要重复这些步骤,会浪费许多时间。

Adobe Photoshop CC 2017 提供了一种自动化的功能,可将编辑图像的许多步骤录制为一个动作。执行该动作,相当于执行了多条编辑命令。Adobe Photoshop CC 2017 的"动作"面板中内置的"默认动作"如图 3-69 所示,除默认动作外,还内置了大量的常用动作。对于大量的图片文件都执行同一个动作时,可以使用 Photoshop 自动化工具中的"批处理"工具,快速完成批量工作。

图 3-69　"动作"面板

（4）实验步骤。

步骤 1：在 Adobe Photoshop CC 2017 的"窗口"菜单中打开"动作"面板，除"默认动作"之外，单击面板右上方的扩展按钮，还可以单击启用"画框"类的动作。此时，"动作"面板中就会出现多种画框的动作列表。在"画框"这一类动作中选择"照片卡角"动作，即可完成单张图片添加照片卡角的一系列操作，具体面板及选项如图 3-70 所示。

图 3-70　添加"照片卡角"动作

步骤 2：对批量图片进行同样的增加卡角的操作，可以使用 Photoshop 的自动处理功能进行"批处理"。打开菜单中的"文件"→"自动"→"批处理"。选择"源"文件夹的位置，"目标"文件夹设置为与"源"文件夹一致，覆盖源文件，具体选项如图 3-71 所示。

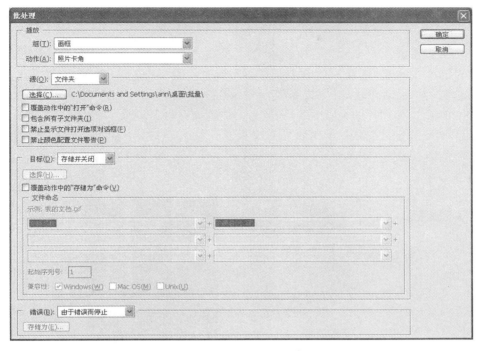

图 3-71 "批处理"对话框

步骤 3：单击"确定"按钮，开始"批处理"操作。每一张图片都会自动执行"照片卡角"动作，并提示用户保存，如图 3-72 所示。对每一张图片进行自动操作并存储后，完成批量增加照片卡角的操作。打开"批量"文件夹，看到图片都已经添加了照片卡角。

图 3-72 自动执行动作并保存

实验 3-13 证件照片处理及排版

（1）实验要求。

使用素材文件夹"实验 3-13 证件照排版"中的"实验 3-13.jpg"及给定的扩展动作插件，完成一幅六寸照片上排列 12 张标准一寸蓝底证件照片的排版效果，完成后的图像保存为 JPG格式。本实验的素材及结果示例如图 3-73 所示。

实验 3-13　证件照片处理
及排版

（2）实验目的。

掌握日常证件照片的综合处理及快速排版方法。

(a) 原图　　　　　　　　(b) 效果图

图 3-73　证件照片处理及排版

（3）预备知识。

本实验需要在 Adobe Photoshop CC 2017 中安装扩展插件，从而更快捷地自动化实现证件照片的排版工作。

图 3-74　默认的动作面板

在 Adobe Photoshop CC 2017 中处理图像时，许多经常重复操作的动作组合可以录制为"动作"，存储在"动作"面板中，图 3-74 所示。在菜单栏中选择"视图"→"动作"，可以看到默认安装的动作名称。这些动作实际是以插件形式安装在 Photoshop 的安装路径下，图 3-75 中所示的那些默认动作，就是以 atn 文件的形式安装在 Photoshop 的安装路径下的 Presets\Actions 目录下的。如需要扩展安装其他动作插件，只需将下载的 atn 文件复制至这一位置，即可扩展出更丰富的动作，快速完成日常图像处理中的一些常见需求。Photoshop 中扩展滤镜插件的安装也可使用类似方式。

图 3-75　动作插件的安装路径

完成此实验前,从网络共享的资源中下载"现代影楼整体处理.atn"的扩展动作插件,将它复制到动作安装路径下,如图 3-76 所示。此时重新启动 Photoshop,就可以使用这一动作了。

图 3-76　添加动作插件

(4) 实验步骤。

步骤 1:打开 Adobe Photoshop CC 2017,在菜单栏中选择"文件"→"打开",打开素材图片,将人物头像周围的背景色更换为蓝色。更换过程中需要使用多个图层,选择并保留好需要的像素点,更换不需要的像素点。

步骤 2：生活中一寸照片的宽高比通常为 2.5：3.5，在工具栏里选择"矩形选框工具"，并将选区的样式设置为固定比例，即可从素材图片中选择一个规则选区，如图 3-77 中虚线框所示。

图 3-77　使用"矩形选框工具"选取一个规则选区

步骤 3：使用"裁剪工具"裁剪所选的选区，去除不需要的区域。单击右上方裁剪工具属性栏中的"提交当前裁剪操作"按钮，完成裁剪工作，如图 3-78 所示。

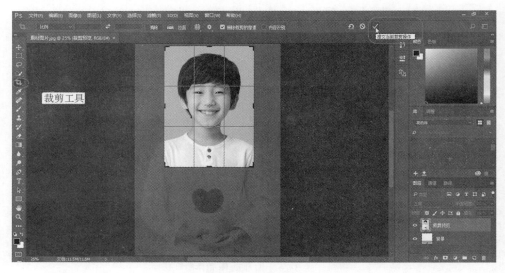

图 3-78　裁剪选区

步骤 4：使用"快速选择工具"选取人物主体，如图 3-79 所示。在选取过程中，可以设计选区运算方式为"添加到选区"，不断增加选取的区域，更加细致完整地将人物主体与背景区分开（注：此实例所用的素材图片适合用"快速选择工具"选择人物主体，但其他素材需要根据情况选择不同的选择工具,例如套索工具、抽出滤镜等)。

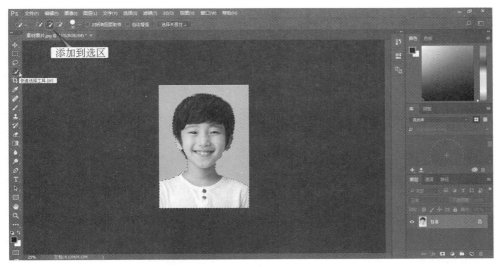

图 3-79　使用"快速选择工具"快速选择不规则选区

　　步骤 5:在选择好的人物主体区域右击,在菜单中选择"通过剪切的图层",即可把背景保留在"背景"图层,而人物主体被放置到一个新建的"图层 1"上面了。在右下角的图层面板中单击"背景"图层,在工具栏中设置前景色为蓝色,用"油漆桶"工具把"背景"图层涂为蓝色,如图 3-80 所示。换底的过程完成后,选择菜单栏中的"文件"→"存储",选择保存类型为 JPEG,把两个新的图层合成为一个图像保存下来。

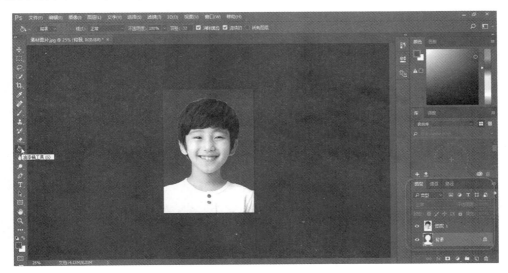

图 3-80　将背景图层颜色变为蓝色

　　步骤 6:在菜单中选择"动作"面板,单击"动作"面板右上角的功能菜单按钮,选择刚刚安装的动作"现代影楼整体处理",此时可以在"动作"面板的默认动作列表下方看到这个动作组。展开动作组，找到满足本实例需求的动作名称"6 寸冲印一寸证件照"，这个动作中包含了二十几个操作的组合，单击"动作"面板下方的"播放选定的动作"按钮，即可连续自动化完成这二十几个操作，如图 3-81 所示。

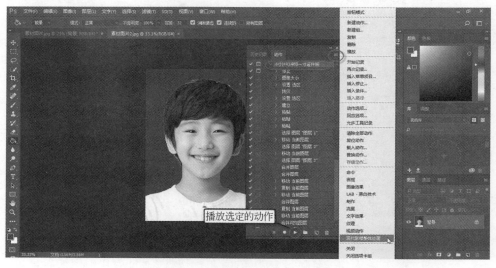

图 3-81　使用动作完成照片排版

　　步骤 7：动作播放结束后，可以看到图 3-82 所示的排版效果。使用"动作"可以使图像处理工作自动化完成，对于需要快速解决问题的工作非常必要。最后，在菜单栏中选择"文件"→"存储"，把完成后的作品保存为 JPG 格式。

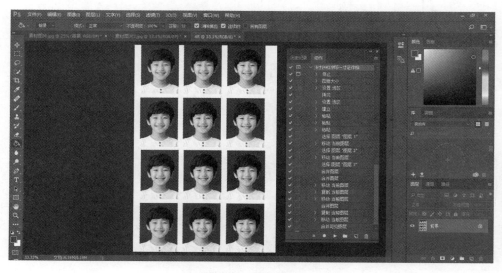

图 3-82　排版结果

实验 3-14　图像的综合处理

（1）实验要求。

应用所学的图像处理知识，包括批量自动化处理、滤镜、
图层、合成等，使用素材文件夹"实验 3-14 大千世界"中的图片
素材，完成图 3-83 所示的图像处理作品，图像大小为 1000 像
素×750 像素。

实验 3-14　图像的综合处理

图 3-83　结果示例

（2）实验目的。

掌握图像综合处理的基本方法。

（3）实验步骤。

步骤 1：由于"动作"面板中没有提供将图像大小改为 200 像素×150 像素的动作，因
此需要预先录制一个修改图像大小的动作，然后再批量执行这个动作。在 Adobe
Photoshop CC 2017 中任意打开一幅图像，并打开"动作"面板，单击"创建新动作"按钮，
新建一个动作，如图 3-84 所示。

步骤 2：单击"新建动作"窗口的"记录"按钮，红色"开始记录"按钮被激活，现在对图
像的所有操作都会被记录到这个动作中，以方便今后重复使用。录制的动作包括：单击
菜单中的"图像"→"图像大小"，取消宽度像素与高度像素的"限制长宽比"锁链，将宽度
改为 200 像素，高度改为 150 像素，单击"确定"按钮。单击"文件"→"存储"，对当前图片
进行原名原位置保存，具体操作如图 3-85 所示。

步骤 3：单击"动作"面板下面的"停止"按钮，停止动作的录制。录制的这个动作中
包含了修改图像大小及保存文件的操作，如图 3-86 所示。

步骤 4：接下来就可以对素材文件夹"实验 3-14"中的 25 幅图片进行批量自动化处

图 3-84　创建新动作

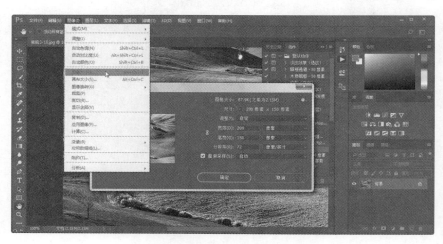

图 3-85　录制修改图像大小的动作

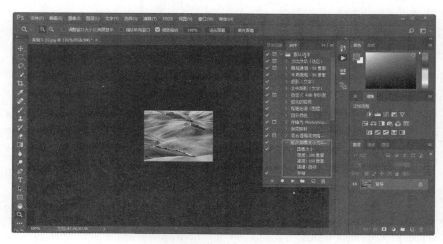

图 3-86　已录制好的动作

理,将其图像大小都统一修改为 200 像素×150 像素大小。单击"文件"→"自动"→"批处理",打开"批处理"对话框,选择要执行的动作,设置"源"及"目标",由于录制的动作中未包括"打开"操作,因此应取消"覆盖动作中的'打开'命令"选项,又由于录制的动作中包含"存储"操作,因此应保留"覆盖动作中的'存储为'命令",具体的"批处理"对话框设置如图 3-87 所示。

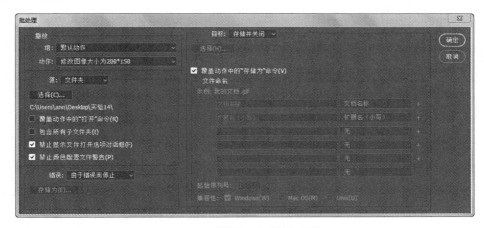

图 3-87　"批处理"对话框设置

步骤 5:单击"确定"按钮,一个批量自动化处理的过程启动。全部完成后,再打开"实验 3-14 大千世界"文件夹,可以看到所有图片已经修改为 200 像素×150 像素大小,具体效果如图 3-88 所示。

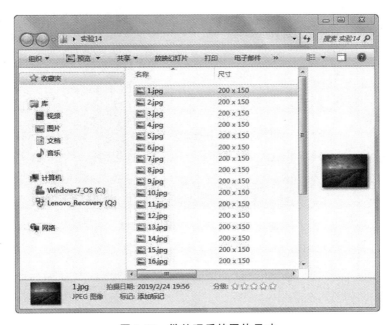

图 3-88　批处理后的图片尺寸

步骤 6：新建一张大小为 1000 像素×750 像素的空白 RGB 图片。分别打开 25 张小图后，用"移动工具"移动并合成到新建图片上，如图 3-89 所示。25 个图层的合成效果如图 3-90 所示。

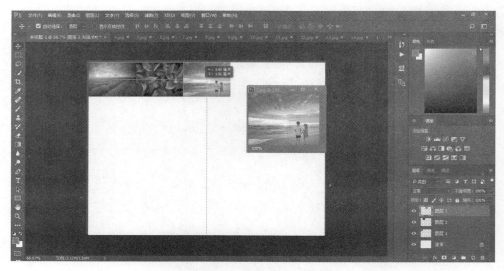

图 3-89　将小图移动并合成到新建图片上

图 3-90　完成 25 个图层的合成

步骤 7：在图层面板中选中最上方图层，右击，选择"合并可见图层"，而后在图片中央使用"椭圆选框工具"选取椭圆选区，选择菜单中的"滤镜"→"扭曲"→"球面化"，将椭圆区域处理为球面效果，如图 3-91 所示。

步骤 8：使用"文字工具"添加文字"大千世界"，完成作品，如图 3-92 所示。最终将结果图片保存为 JPG 格式。

图 3-91　使用球面化滤镜

图 3-92　添加文字

实验 3-15　多图排版

（1）实验要求。

使用 Shape Collage 完成素材文件夹"实验 3-15 多图排版"中
多张图片的图形化排版。

Shape Collage 是一款功能齐全、免费使用的拼图软件。它可
以将多张图片拼接在一起，并且可以随意设置拼图的大小、形状以
及背景颜色等。

（2）实验目的。

了解其他图像处理的专门工具，扩展应用。

实验 3-15　多图排版

（3）实验步骤。

步骤1：安装并打开多图排版工具 Shape Collage，如图 3-93 所示。在左侧的"照片"列表下方单击"＋"，向列表中添加需要排版的照片。

图 3-93　Shape Collage 主界面

步骤2：在 Shape Collage 右侧的"形状和尺寸""外观""先进"三个选项卡中选择拼图的形状、尺寸、背景、边界等选项。选择完成后，单击中间区域的"创建"按钮，即可看到拼图的效果，如图 3-94 所示。

图 3-94　使用 Shape Collage 完成多幅图片的格形拼图

步骤 3：Shape Collage 不仅可以将多幅图片拼合成多种形状，也可以完成文字形状的拼图，以及更多自定义形状的拼图。图 3-95 就是将多幅图片拼成了数字"8"的形状。

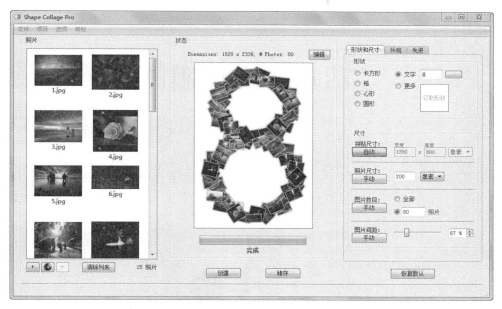

图 3-95 使用 Shape Collage 完成多幅图片的文字拼图

步骤 4：完成拼图后，单击"储存"按钮，保存拼图结果。这种专用小工具可以快速完成某一种类型的图片处理工作，快速解决实际问题。

第 4 章

chapter 4

动画设计与制作

扩展实验
实验 4-8：视频分享网站的 FLV 技术
实验 4-9：体验 HTML5 交互式动画

进阶实验
实验 4-2：网站横幅广告动画
实验 4-5：行驶的小汽车
实验 4-7：交互式音乐电子相册

基础实验
实验 4-1：微信表情逐帧动画
实验 4-3：落叶
实验 4-4：蝴蝶飞舞
实验 4-6：形状补间

基本理论
动画的基本概念
动画的原理
动画的构成原则
传统动画与计算机动画

本章学习目标：
- 了解：动画的基本概念及发展历史
- 理解：动画的基本原理
- 掌握：动画的构成原则
- 了解：动画的分类
- 了解：常用的动画制作软件
- 掌握：二维 GIF 动画的制作方法
- 掌握：矢量动画的制作方法
- 了解：H5 交互式动画制作方法

4.1　动画的基础知识

动画是多媒体产品中极具吸引力的素材,具有表现丰富、直观易解、吸引注意、风趣幽默等特点,它使得多媒体信息更加生动。

动画是一种综合艺术门类,它集合了绘画、漫画、电影、数字媒体、摄影、音乐、文学等众多艺术门类。

4.1.1　动画的基本概念

动画的英文有很多表述,例如 cartoon、cameracature、animation、animated drawing 等。其中,比较正式的 animation 一词源自于拉丁文的字根 anima,意思为"灵魂";其动词 animate 则是"赋予生命"的意思,引申为"由创作者的安排,使原本不具生命的东西像获得生命一样地活动"。

在多媒体技术中,动画可以简要定义为人工制作的动态画面。应该说,只要不是实拍的方法得到的活动画面,都是动画。

英国动画大师 John Halas 这样说:动作的变化是动画的本质。因此,动画由很多内容连续但各不相同的画面组成,通过快速实现静态画面序列来实现运动的幻觉。

4.1.2　动画的原理

人们为什么会把原本"不动"的画面看成是"动"的呢? 这就要从动画的视觉原理说起。

法国人保罗·罗盖在 1828 年发明了留影盘,它是一个被绳子在两面穿过的圆盘,如图 4-1 所示。盘的一面画了一只鸟,另一面画了一个空笼子。当圆盘旋转时,鸟在笼子里出现了,这是利用了视觉暂留现象。视觉暂留是人眼具有的一种性质。人眼观看物体时,物体成像于视网膜上,并由视神经输入人脑,因此人感觉到物体的像。但当物体移去时,视神经对物体的印象不会立即消失,而要延续 0.01～0.04s 的时间,这种性质被称为

图 4-1　1828 年法国保罗·罗盖的留影盘

"眼睛的视觉暂留",视觉暂留是动画、电影等视觉媒体形成和传播的根据。

动画是通过连续播放一系列画面给视觉造成连续变化的图画。医学证明,人类具有"视觉暂留"的特性,即人的眼睛看到一幅画或者一个物体后,在1/24s(默认定义)内不会消失。那么,如果眼前还没有消失前一幅画面时播放下一幅画面,就会给眼睛造成一种流畅的视觉变化效果。

帧是构成动画的基本单位,"一帧"就是一幅静止的画面。这里定义一个重要的值:帧频,即FPS(frames per second),也就是每秒画面帧数。如果使用软件工具将图4-2所示的三幅画面分别以FPS=1、FPS=10、FPS=24的帧频连续播放,就可以看出不同帧频条件下眼睛对画面的感受差异,从而真正了解FPS=24成为一个动画是否流畅的重要分水岭。

图4-2　构成小老鼠奔跑的三帧画面

因此,平时生活中电影放映时的标准是每秒24幅画面,PAL制式的电视每秒是25幅画面,NTSC制式的电视是每秒30幅画面。它们画面之间的时间时隔都小于视觉暂留的1/24s,因此,人们会感觉它是流畅的、运动的。

4.1.3　动画的构成原则

随意排列的画面序列并不能构成真正意义上的动画,动画的构成有基本原则,分别如下。

原则一:动画由多画面组成。

原则二:画面之间的内容必须存在差异。

原则三:画面表现的动作必须连续,即后一幅画面是前一幅画面的继续。

图4-3就是一个微信表情动画的逐帧拆解画面,共10帧,每幅画面的内容均有差异,且动作连续。快速连续地显示这些帧,便形成了流畅的动画。每秒里的帧数越多,显示的动作就越流畅。

原画,指在一部动画里一套动作中的关键动作,也称关键帧。比如一个场景动作从开始到结束的画面以线条稿的形式画在纸上。它起到了决定动作趋势走向、幅度、节奏、镜头运动的方式、特效处理等一系列和动画制作相关联的事项。动画制作里的1s通常由24幅静止的画面组成,好似电影人物的24个分身,各自扮演着动作、场景变化中的不同定格。因此,有人会把动画制作的过程描述为1s里的24分身。制作一个60min的动画电影需要86 400张手绘稿,才能组合成我们看到的流畅、生动的画面,这的确是一项非常庞大又艰巨的工作。

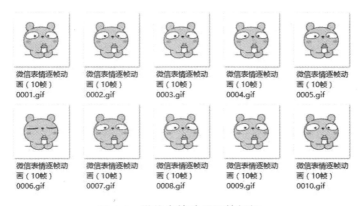

图 4-3　微信表情动画逐帧拆解

4.1.4　动画的发展

　　两万五千年前石器时代洞穴上的野牛奔跑分解图是人类试图捕捉动作的最早证据，把不同时间发生的动作画在一张图上，这种"同时进行"的概念间接显示了人类"动"的欲望。在文艺复兴时期，达·芬奇画作上的人有四只胳膊，表示双手上下摆动的动作；在中国绘画史上，艺术家有把静态绘画赋予生命的传统，如南朝谢赫的"六法论"中主张"气韵生动"。在清代蒲松龄的《聊斋志异》中，"画中仙"人物走出卷轴同样体现了古人对活动画面的诉求。这些和动画的概念都有相通之处，但真正发展出使画上的图像动起来的功能，开始于 1820 年动画装置的发明。

图 4-4　动画原画及赛璐珞示例

1908 年,开始用负片制作胶片动画影片。1915 年,开始在赛璐珞(Celluloid)上画动画片,再拍摄成动画电影。赛璐珞是制作动画片的过程中使用的一种材料,泛指使用这种材料制作动画的形式,如图 4-4 所示。动画工作室的画师通过在透明片上勾勒和涂色,绘制出在电影、电视上看到的每一帧画面。赛璐珞是早期制作传统动画电影的主要手段。近年来,随着计算机技术的发展,动画电影引入了 3D 技术,传统的二维动画也越来越多地采用手工绘制和计算机软件合成,这使得一笔一画悉心勾勒的赛璐珞片成了历史。

1928 年,迪士尼公司将动画影片推向巅峰。从最初的动画雏形到现在的大型豪华动画片,动画的本质并没有太大变化,而动画制作方法却发生着日新月异的变化。

4.2 动画的制作方法

4.2.1 传统动画的制作方法

动画的制作流程不同于绘画和摄影艺术,它需要通过大量的画幅实现动态的艺术效果。传统动画的制作流程可以分为如下四个阶段。当然,不同环境、不同动画风格的动画制作细节还是有不同的。随着科技的发展,很多传统的动画制作方法被慢慢取代了。

1. 总体设计阶段

(1)策划:动画制作公司、发行商以及相关产品的开发商共同策划,预测市场情况,研究开发周期、资金筹措等相关问题。

(2)文字剧本:订立开发计划以后,由编剧创作合适的文字剧本,可以自己创作剧本,也可借鉴或改编他人的作品。

2. 设计制作阶段

(1)角色造型设计。确定剧本后,所有的人物造型和主要场景造型需要有蓝本,也就是分镜头,以提供后续所有工序绘制参考和制作标准。

(2)故事板,也称动画脚本,通常是一个镜头一幅画,并配上台词,看上去像一本连环画,大部分是通过人工手绘出来的,现在也会使用数码手绘实现。在故事板基础上,还可以进行分镜头台本设计,也就是每个镜头的细化,细化到镜头中先后出现哪些人物,有哪些具体动作,要用到哪些道具和背景,需要进行怎样的镜头切换。通常一个镜头会整理到一个文件夹中,里面有该镜头涉及的造型、背景以及主要的动作。继而完全细化分镜头台本,仔细地绘制背景,确定水平线和镜头详细透视,绘制该镜头详细的人物动作以及镜头切换的方式。

3. 具体创作阶段

(1)原画,在故事板的基础上绘出最精致逼真的动作,到这个阶段,动画绘制进入最精细的阶段,而原画所描绘的动作并不是动作的全部,仅是一个动作的几个主要阶段的开始和结束。比如下蹲,原画的使命就是画出站立时的样子和完全蹲下去后的样子,最多中间加一张动作完成到一半时的动画草图。此时,需同期进行原画详细背景的绘制工作。

（2）动画,动画的使命就是将一段动画开始与结束之间的那些动态的过程画出来,否则,如果屏幕上仅出现原画,动作就会很生硬,缺乏流畅的过渡。

（3）描线,将动画纸上的线条影印在赛璐珞上,并重描所有的动画线条,描成最终出现在屏幕上的样子。

（4）定色与着色,这是开始拍摄前的最后一步,对描线后的赛璐珞片进行上色,先定好颜色,在每个部位写上颜色代表号码,再涂上颜色。

（5）总检:将准备好的彩色背景与上色的赛璐珞片叠加在一起,检查有无错误。

4. 拍摄阶段

（1）摄影与冲印:摄影师将不同层的上色赛璐珞片叠加好,进行每个画面的拍摄,拍好的底片要送到冲印公司冲洗。

（2）剪接与套片:将冲印过的拷贝剪接成一套标准的版本,此时可称它为"套片"。

（3）配音、配乐与音效:添加影片的声音元素。

4.2.2　计算机动画的制作方法

随着计算机图形学和计算机硬件的不断发展,以及超级个人计算机和大容量数据存储器的出现,传统动画的制作工艺发生了变化。

从记录动画开始,随后模拟传统动画,直到现在形成了独特风格的计算机动画,计算机在动画制作中扮演的角色,已经从纯粹的制作工具发展到了处理工具和设计工具。当然,制作计算机动画除了需要动画制作的概念和思想以外,还需要计算机硬件设备和软件环境的技术支持。

1. 硬件需求

从硬件角度看,制作动画的计算机应该是一台多媒体计算机,能够使用和加工各种媒体素材,应该尽可能采用高速 CPU、足够大的内存容量以及大量的硬盘空间。另外,显示卡的缓存容量与动画系统的分辨率有紧密的关系,其容量应该尽可能大,保证较高的显示分辨率和良好的颜色还原质量。另外,制作动画还可能需要一些特殊的多媒体配件,可以根据实际需要选配。

2. 制作流程

计算机动画的制作流程与传统动画的制作流程没有太大差别。例如,传统动画制作的原画阶段,在计算机中就是用关键帧来实现的;传统动画制作中赛璐珞的制作,相当于在计算机动画中制作元件;而传统动画制作中彩色背景与赛璐珞的叠加,在计算机动画中可以用图层的概念方便地实现。于是,使用计算机制作动画大量节省了制作成本,缩短了制作周期。

3. 技术分类

计算机动画的制作技术主要有以下两类：

第一类：逐帧动画。逐帧绘制帧内容称为逐帧动画，由于是一帧一帧制作，所以逐帧动画具有非常大的灵活性，几乎可以表现任何想表现的内容。但与此同时，由于每帧画面都要单独制作，制作负担重，最终输出的文件数据量也大。

第二类：补间动画。与逐帧动画不同的是，制作动画时，无须定义动画过程的每一帧，只需定义动画的开始与结束这两个关键帧，并指定动画变化的时间和方式等，两个关键帧中间就由计算机自动计算而得到中间的画面，称为补间动画。补间动画是计算机动画非常重要的表现手段，一般分为动作补间动画与形状补间动画两类。动作补间动画是物体由一个状态变到另一个状态，例如位置移动、转动等变化；而形状补间动画是由一个物体变到另一个物体，例如一个圆形渐变到正方形，字母 A 渐变为字母 B 等。

计算机动画影片制作的水准不同，得到的最终产品就会有差异，可以用以下两类来区分。全动画：是指在动画制作中，为了追求画面的完美、动作的细腻和流畅，按照每秒播放 24 幅画面的数量制作的动画。全动画的观赏性极佳，常用来制作大型动画片和商业广告。半动画：又叫"有限动画"，采用少于每秒 24 幅的绘制画面来表现动画，由于画面少，因而在动画处理上采用重复动作、延长画面动作停顿的画面数来凑足 24 幅画面。

4.2.3　动画制作软件

与数字化图像信号一样，计算机动画也有两种信号存储形式：位图动画和矢量动画。位图动画以像素方式描述每一帧画面，GIF 动画即为位图动画。矢量动画则是在计算机中使用数学信息来描述屏幕上复杂的曲线，利用图形的抽象运动特征来记录变化的画面信息的动画，SWF 格式动画即为矢量动画。

就展现技术来看，还可以分为二维动画和三维动画。不同的动画形式可以选择不同的制作软件。本章仅介绍几个主流产品。

1. Adobe Animate CC

Adobe Animate CC 由原来的 Adobe Flash Professional CC 更名得来，在支持 Flash SWF 文件的基础上加入了对 HTML5 的支持。2016 年 1 月，它正式更名为 Adobe Animate CC，缩写为 An。它提供的众多实用设计工具主要用于 HTML 动画编辑，设计适合游戏、应用程序和 Web 的交互式矢量动画，也可以在不写代码的情况下完成简单的交互式动画，并可将动画发布到多个平台以及传送到观看者的桌面、移动设备和电视上。

Adobe Animate CC 2017 启动后的主界面如图 4-5 所示。

2. 3D Studio Max

3D Studio Max 简称为 3d Max 或 3ds Max，是基于 PC 系统的三维动画渲染和制作软件。其前身是基于 DOS 操作系统的 3D Studio 系列软件。广泛应用于广告、影视、工业设计、建筑设计、三维动画、多媒体制作、游戏、辅助教学以及工程可视化等领域。

图 4-5　Adobe Animate CC 2017 启动后的主界面

3．Autodesk Maya

Autodesk Maya 是美国 Autodesk 公司出品的三维动画软件，应用对象是专业的影视广告、角色动画、电影特技等。Maya 功能完善，工作灵活，制作效果极高，渲染真实感极强，是电影级别的高端制作软件。

4．Ulead Cool 3D

Ulead Cool 3D(三维文字动画)用于创建极具冲击力的动画三维文字。它拥有强大方便的图形和标题设计工具、多样的动画特效，轻松实现 GIF 动画文件和视频文件的输出。

4.3　动画设计与制作

4.3.1　二维 GIF 动画设计与制作

二维 GIF 动画是对手工传统动画的一个改进。它不仅具有模拟传统动画的制作功能，而且可以发挥计算机特有的功能。

Fireworks 是原 Macromedia 公司发布的一款专为网络图形设计的图形编辑软件，后来并入 Adobe。它大大简化了网络图形设计的工作难度，无论是专业设计人员还是业余爱好者，使用 Fireworks 都不仅可以轻松地制作出十分动感的 GIF 动画，还可以轻易地完成大图切割、动态按钮、动态翻转图等。因此，对于辅助多媒体网页编辑来说，Fireworks 是个大功臣。从 CC 版本开始，Fireworks 不再存在，它的 GIF 动画的实现功能已经被 Animate 产品涵盖。因此，下面选择 Adobe Animate CC 2017 作为实验工具完成二维 GIF 动画的制作工作。

实验前,需要熟悉一下 Adobe Animate CC 2017 的编辑环境。启动程序后,新建一个 HTML5 Canvas 文档,将右上角的工作区设置为"基本功能"选项,看到的编辑界面如图 4-6 所示。

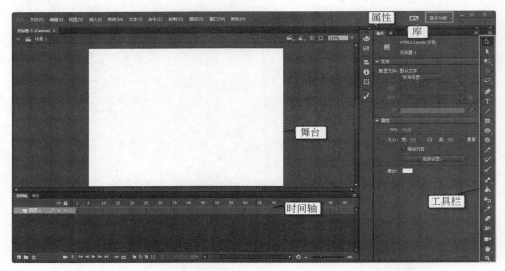

图 4-6 Adobe Animate CC 2017 的"基本功能"工作区编辑界面

该编辑界面包括以下几部分内容。

舞台:就是工作区域,最主要的可编辑区。舞台只有一个,但场景可以有许多个,播放过程中可以更换不同的场景。

工具栏:分为标准工具栏、绘图工具箱和控制器。

时间轴:就像导演手中的剧本,它决定了各个场景的切换以及演员出场、表演的时间顺序。

库:库窗口用以存放可以重复使用的元件,出场时在场景中加入它的实例。这样无论一个对象出现几次,文件中只需要存储一个副本,从而在很大程度上减少了文件的体积。

实验 4-1 微信表情逐帧 GIF 动画制作

(1) 实验要求。

从素材文件夹"实验 4-1"中任意选择一组图片序列,三组素材图片序列如图 4-7 所示,使用 Adobe Animate 制作一个 300 像素×300 像素的微信表情动画。导出格式为动画 GIF 格式。

实验 4-1 微信表情逐帧
GIF 动画制作

(2) 实验目的。

理解动画的基本原理;掌握制作 GIF 动画的基本方法。

(3) 预备知识。

逐帧动画需要将动画的每一帧均设置为关键帧,通过每一个关键帧画面内容的变化

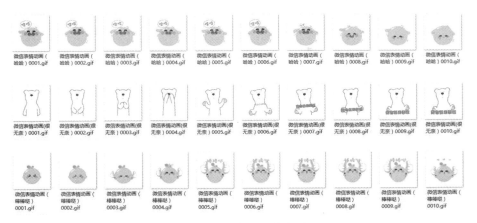

图 4-7 三组素材图片序列

而产生动画效果。逐帧动画是 Adobe Animate 提供的最基本的动画形式。

（4）实验步骤。

步骤 1：打开 Adobe Animate CC 2017，在图 4-8 所示的启动窗口"新建"选项中根据需要选择新建文件的形式。如果最终作品需要应用在网页上，使用浏览器查看，即可以选择 HTML5 Canvas 这种形式的文件。

图 4-8 Adobe Animate CC 2017 启动窗口

在 Adobe Animate CC 2017 中可以创建以下几种形式的文件。

① HTML5 Canvas：创建用于 HTML5 Canvas 的动画资源。通过使用帧脚本中的 JavaScript 为资源添加交互性。Canvas（画布）是 HTML5 提供的一个用于展示绘图效果的标签。HTML5 Canvas 元素允许脚本语言动态渲染位图像。Canvas 由一个可绘制区域的 HTML 代码中的属性定义决定其高度和宽度。JavaScript 代码可以访问该区域，通

过一套完整的类似于其他通用二维 API 的绘图功能生成动态的图形。HTML5 在基于 Web 的图像显示方面比 Flash 更加立体、更加精巧。目前标准还在完善中。

② WebGL：创建 WebGL 动画资源。通过使用帧脚本中的 JavaScript 为资源添加交互性。Web 图形库（Web Graphics Library，WebGL）是一种 3D 绘图协议，这种绘图技术标准可以为 HTML5 Canvas 提供硬件 3D 加速渲染，这样开发人员就可以借助系统显卡在浏览器里更流畅地展示 3D 场景和模型，还能创建复杂的导航和数据视觉化效果。目前，这个功能只运行在支持 WebGL 的浏览器中。

③ ActionScript 3.0：在 Animate 文档窗口中创建一个新的 FLA 文件（＊.fla），系统会设置 ActionScript 3.0 发布设置。使用 FLA 文件可以设置为 Adobe Flash Player 发布的 SWF 文件的媒体和结构。

④ Adobe 整合运行库（Adobe Integrated Runtime，AIR）：在 Animate 文档窗口中创建一个新的 Animate 文档（＊.fla），系统会设置 AIR 发布设置。使用 Animate AIR 文档可以开发在 AIR 跨平台桌面运行时部署的应用程序。Adobe AIR 可以使用现有的 Web 开发技能（Flash、HTML、JavaScript、Ajax 等）创建丰富的 Web 应用。

步骤 2：在新建的无标题文档右侧的"属性"面板中设置动画文件的宽高像素数、帧频（默认为 24fps），以及舞台的背景颜色等。通过调整舞台右上方的显示控制选项使舞台显示为合适的位置及分辨率。具体设置如图 4-9 所示。

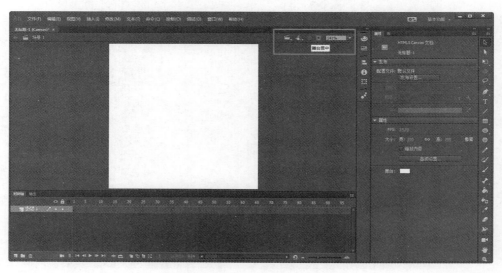

图 4-9　设置文档属性及显示选项

步骤 3：选择"文件"→"导入"→"导入到库"，将素材图片导入到"库"，在"库"面板中可以看到已导入的素材及缩略图，如图 4-10 所示。

步骤 4：利用这 10 张素材图片制作逐帧动画，一张图片为一个关键帧。因此，在时间轴的图层 1 上选择 10 帧，将它们转换为空白关键帧，具体操作如图 4-11 所示。

步骤 5：在"库"面板中右击第一幅图片，选择"复制"，在时间轴上选择第一帧，右击

图 4-10 将素材导入到库

图 4-11 创建空白关键帧

舞台,选择"粘贴到中心位置",具体操作如图 4-12 所示。

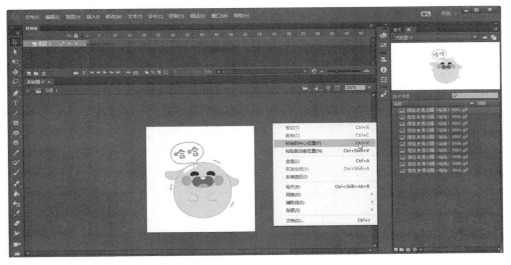

图 4-12 将素材分别粘贴到关键帧的中心位置

步骤6：以此类推，完成每一个空白关键帧画面的制作。单击时间轴下方的"循环"和"播放"按钮，即可循环预览动画效果，并可以通过设置文档属性面板中的 FPS 值来设置动画的快慢，具体操作如图 4-13 所示。

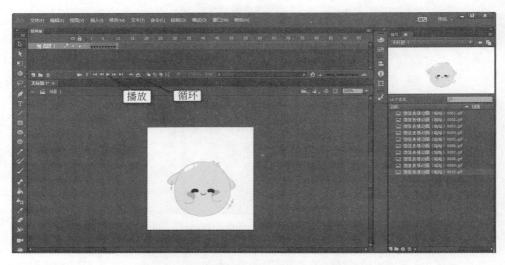

图 4-13　播放动画并查看效果

步骤7：此时，选择"文件"→"保存"，可以将文件保存为 fla 格式，方便将来继续编辑和修改。但是，如果动画完成了，要导出为作品，则需要使用"导出"功能。本实验中需要将动画导出为"动画 GIF"，具体选项如图 4-14 所示。导出前，在图 4-15 所示的"导出图像"窗口中还可以对动画进行优化和选项设置。单击"保存"按钮，并选择适当的位置保存动画 GIF 文件，即可完成实验。

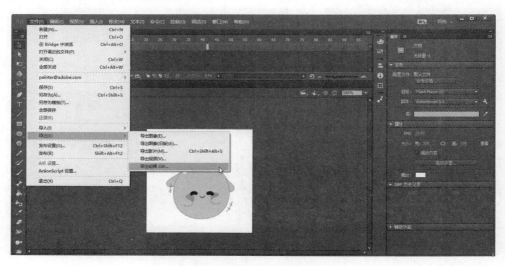

图 4-14　导出为动画 GIF

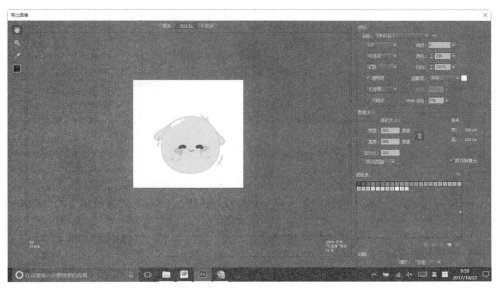

图 4-15　动画导出前的预设及优化

实验 4-2　网站横幅广告动画制作

（1）实验要求。

使用素材文件夹"实验 4-2"中的一组图片，制作一幅背景不断变化的学校网站 banner 图片（尺寸与素材图片大小一致）。导出为"动画 GIF"格式，实验结果动画的示例关键帧如图 4-16 所示。

实验 4-2　网站横幅广告动画制作

图 4-16　结果动画的示例关键帧

（2）实验目的。

掌握制作 GIF 动画的基本方法；理解图层复用的概念。

（3）预备知识。

Banner，即网站页面的横幅广告、旗帜广告，或者报纸杂志上的大标题。Banner 一般使用 GIF 格式的动画，也可以使用静态图像。

（4）实验步骤。

步骤 1：在 Adobe Animate CC 2017 中新建文件，添加三个空白关键帧，形成 3 个画面的逐帧动画，具体操作如图 4-17 所示。

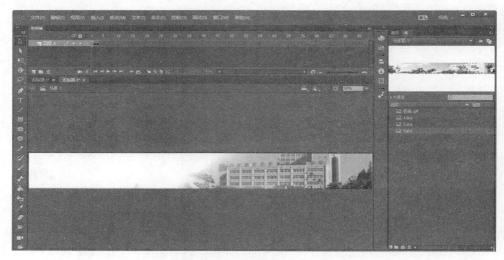

图 4-17　添加 3 个关键帧并分别粘贴素材到中心位置

步骤 2：横幅广告的背景图片逐帧变动，但上面的文字层却是独立的。因此，需要在时间轴上新建一个图层 2，将校名文字素材粘贴到第一个关键帧的合适位置。右击此图片，可以"变形"并移动到合适位置，具体操作如图 4-18 所示。

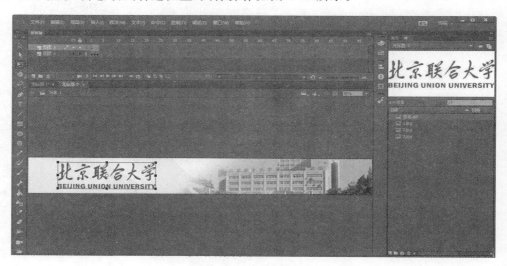

图 4-18　新建图层

步骤 3：预览动画效果，通过调整动画文档的帧频改变背景变动的速度。最后将作品导出为动画 GIF 格式。

实验 4-3　落叶

实验 4-3　落叶

（1）实验要求。

使用素材文件夹"实验 4-3"中的素材图片，完成三片叶子各自飘落的动画设计与制作。导出作品为动画 GIF。实验结果的示例帧如图 4-19 所示。

图 4-19　实验结果示例帧

（2）实验目的。

理解补间的概念；理解"一动画、一图层"的制作理念。

（3）实验步骤。

步骤 1：在 Adobe Animate CC 2017 中新建文档，将舞台大小设置为 800 像素×600 像素。并将素材导入到库，具体操作如图 4-20 所示。

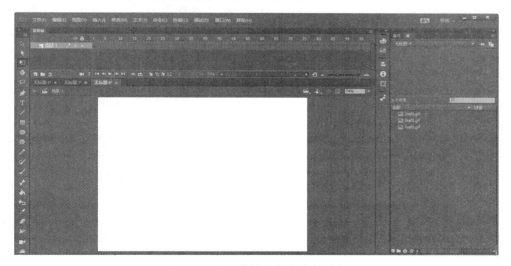

图 4-20　新建文档并导入素材到库

步骤 2：在动画的制作过程中，要遵循"一动画、一图层"的制作原则。每一片叶子都是一个独立运动的动画元件，因此应该放在一个单独的图层中去实现它的动画。

步骤 3：在图层 1 的第一个空白关键帧上放置 leaf.gif 图片。叶子飘落是一个渐进的过程，每一帧的画面都需要制作出细微的变化，而计算机动画的制作会将中间的画面补充出来。只需告诉计算机动画的起始帧及结束帧是什么样的即可。如果第 50 帧时动画结束,这个帧作为动画的结束帧,就要转换为"关键帧",并需设置它的画面内容。具体设置如图 4-21 所示。

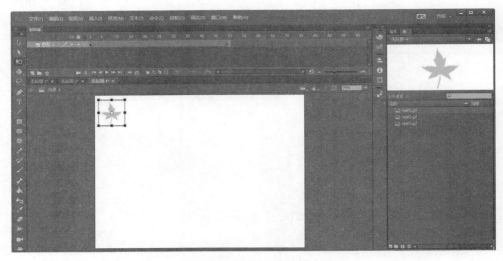

图 4-21　设置动画关键帧

步骤 4:按照需要调整第 50 帧时动画的结束画面内容,改变叶子的位置、大小、旋转角度等。具体设置如图 4-22 所示。

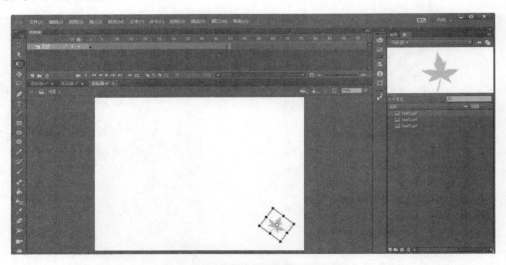

图 4-22　设置动画的结束关键帧

步骤 5:此时,设置了一片叶子飘落动画的起始关键帧和结束关键帧,中间的帧仅仅简单地延续起始关键帧的画面,却未能表现出每一帧画面的细微差异。此时,任意选择一个中间"帧",右击,会看到几种形式的"补间"。本实验中选择 Flash CS 3 之前版本就支持的一种传统补间形式来完成补间工作,单击"传统补间",此时,中间帧的时间轴上会出现一条紫色背景的箭头线,表示从一个关键帧到另一个关键帧之间的补间工作已经实现,具体设置如图 4-23 所示。

图 4-23 添加传统补间动画

步骤 6：在工作区右方的帧"属性"面板中通过修改"缓动""旋转""声音"等选项修改补间的具体设置,如图 4-24 所示。此时,叶子的下落过程就可以更加趋近现实的动感效果。

步骤 7：要实现另外两个叶子下落的动画,可以添加两个新图层,分别制作另外两片叶子的下落动画,每个图层中都实现了一个动画元件的补间动画。最终,将完成作品导出为动画 GIF 格式。

4.3.2 矢量动画的设计与制作

1. 工具介绍

Flash 最初是由 Macromedia 公司开发设计的二维动画及电影编辑软件,也是一种非常优秀的多媒体和动态网页设计工具,后来并入 Adobe。使用它可以制作出一种后缀名为 SWF 的文件,这种文件可以插入 HTML 里,也可以单独成为网页。连接互联网时,该文件可以边下载边播放,避免用户长时间的等待,因此十分适合在网络上传输。特有

图 4-24 设置补间属性

的矢量图形技术让 Flash 文件变得非常小。即使将它放大很多倍,也不会增大文件的体积,更不会降低显示图形的质量。Flash 领先的技术一直是创作网页多媒体的绝佳工具。使用 Flash 可以轻松地在任意两帧图形之间做变形动画,而不需要为它增加图形来产生过渡图像。这种矢量动画还支持同步播放 WAV、AIFF、MP3 等声音文件。

Adobe Animate CC 2017 是二维动画制作软件,是 Adobe Flash 软件被淘汰后的升级产品。它除了支持最新的 HTML5 内容生成制作以外,还保留了 Flash 动画制作功能。使用 Adobe Animate CC 2017 不仅可以轻松地创建逐帧动画,还可以方便地创建补间动画。补间动画是一种最有效的计算机动画形式。无论是创建角色动画还是动作动画,甚至最基本的按钮效果,补间都是必不可少的。Animate 中的补间动画可以分为补间动画、形状补间动画和传统补间动画。

Adobe Animate CC 2017 最终导出的作品有多种形式,满足各种平台多样化的应用需求。

① FLA 格式：这是可以重复编辑的源程序格式,可以对动画绘制、层、库、时间轴和

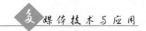

舞台场景等进行重复编辑和加工。

② SWF 格式：这是打包后的网页动画格式，是 Flash 成品动画文件。该格式动画在互联网上演播，不能进行修改加工。

③ AVI 格式：这是标准的视频文件格式。

④ GIF 格式：是采用 GIF 标准的网页动画格式。

2. 矢量动画制作的基本理念

（1）元件。

矢量动画是在计算机中使用数学方程来描述屏幕上复杂的曲线，利用图形的抽象运动特征来记录变化的画面信息的动画。元件是构成 SWF 动画的最基本要素。制作动画时需要重复使用素材，就可以把它创建为元件。

在 Adobe Animate CC 2017 中，很多时候需要重复使用素材，这时就可以把素材转换成元件，或者干脆新建元件，以方便重复使用或者再次编辑修改。也可以把元件理解为原始的素材，通常存放在元件库中。元件有三种形式，即影片剪辑、图形、按钮。元件只需创建一次，然后即可在整个文档或其他文档中重复使用。

① 图形元件：是可以重复使用的静态图像，它作为一个基本图形来使用，一般是静止的一幅图画，每个图形元件占 1 帧。

② 影片剪辑元件：可以理解为电影中的小电影，完全独立于场景时间轴，并且可以重复播放。影片剪辑是一小段动画，用在需要有动作的物体上，它在主场景的时间轴上只占 1 帧，就可以包含所需要的动画，影片剪辑就是动画中的动画。"影片剪辑"必须要进入影片测试里才能观看得到。

③ 按钮元件：实际上是一个只有 4 帧的影片剪辑，但它的时间轴不能播放，只是根据鼠标指针的动作做出简单的响应，并转到相应的帧，通过给舞台上的按钮添加动作语句实现动画影片强大的交互性。

在 Adobe Animate CC 2017 中，元件是最终要进行表演的演员，而它所在的库就相当于演员的休息室，场景是演员要进行表演的最终舞台。

（2）补间。

补间指的是制作计算机动画时两个关键帧之间由计算机自动运算插补出的帧，用于表现动作的变化。Adobe Animate 中的补间动画分两类：一类是形状补间，用于形状的动画；另一类是动画补间，用于图形及元件的动画，具体有"补间动画"和"传统补间"两种实现方式。

（3）ActionScript。

ActionScript(AS)是由 Macromedia 为其 Flash 产品开发的，最初是一种简单的脚本语言。

现在 Adobe Animate CC 2017 的最新版本是 ActionScript 3.0，是一种完全面向对象的编程语言，功能强大，类库丰富，语法类似 JavaScript，多用于互动性、娱乐性、实用性开发以及网页制作和 RIA（丰富互联网程序）开发。

实验 4-4 蝴蝶飞舞

（1）实验要求。

利用素材文件夹"实验 4-4"中的素材，实现两只蝴蝶各自拍着翅膀在花丛中自由飞舞的动画效果（大小：800 像素×600 像素）。完成后的动画导出为 SWF 影片。实验结果的动画示例如图 4-25 所示。

实验 4-4 蝴蝶飞舞

图 4-25 结果动画示例

注：一只蝴蝶展翅的动作可以通过创建一个逐帧动画效果的"影片剪辑元件"来实现。而飞行的动作需要通过元件的补间动画来实现。

（2）实验目的。

了解矢量动画的基本知识；理解补间及动画元件的理念。

（3）实验步骤。

步骤 1：在 Adobe Animate CC 2017 中新建一个动画文件，设置舞台大小为 800 像素×600 像素。选择"文件"→"导入"→"导入到库"，将所需要的蝴蝶飞舞静态图像序列素材导入到库中，具体设置如图 4-26 所示。

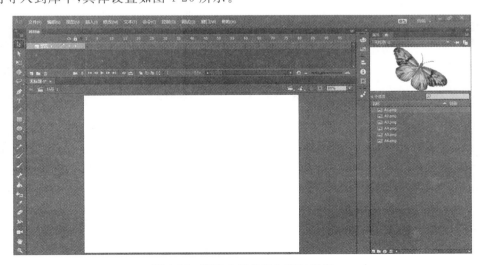

图 4-26 新建文档并导入素材到库

步骤2：蝴蝶是拍动着翅膀飞行的。因此，在舞台上添加的"演员"不是一个静态的图像，而是一个拍着翅膀的"影片剪辑元件"。在"库"面板中右击，选择"新建元件"。选择类型为"影片剪辑"，并为元件命名，具体设置如图4-27所示。

图 4-27 创建新元件

步骤3：此时，编辑界面跳出了"场景1"的编辑，进入了新的"影片剪辑"元件的编辑界面，如图4-28所示。同样，也是通过在时间轴上安排各个帧的画面来达到一个蝴蝶展翅的小动画效果。这里使用本章实验1使用的逐帧动画的制作方法，将蝴蝶展翅的静态图像序列各自放置到一个空白关键帧上，连续播放，即可形成展翅效果，具体设置如图4-28所示。

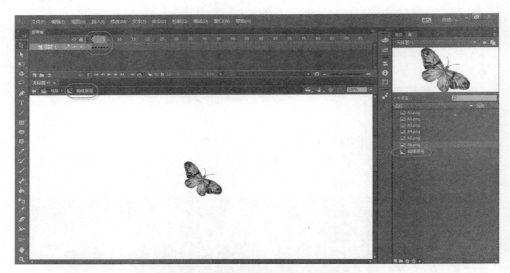

图 4-28 影片剪辑元件的编辑界面

步骤4：编辑元件后，"库"面板中已经创建了一个影片剪辑元件。这个"演员"自身就是动态的元件，如果把这只蝴蝶拖放到场景1的舞台上，它是拍着翅膀的。但是，在舞台上进行播放时看不到这种动画效果，需使用菜单中的"控制"→"测试影片"→"在Animate中"查看最终动画的效果（注：如果创建的是HTML5 Canvas文档，则需要在浏览器中查看），具体设置如图4-29所示。

步骤5：这只展翅的蝴蝶被放置在场景1舞台的第一个关键帧上。它在原地拍着翅膀，却不移动位置。这时，需要创建一个补间动画来完成蝴蝶展翅飞行的效果，插入动画的起始关键帧，如图4-30所示，将蝴蝶展翅元件放置在舞台上，并设置它的位置及大小等属性。

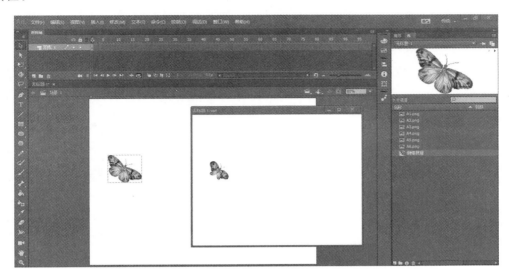

图 4-29　测试影片

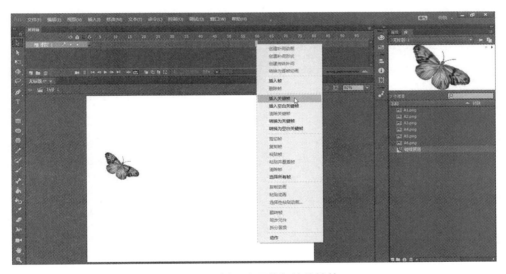

图 4-30　插入动画的起始关键帧

步骤 6：本实验演示在时间轴第 60 秒的位置插入动画的结束关键帧。右击时间轴上第 60 秒的帧，选择"插入关键帧"，并将蝴蝶展翅的元件移动到结束位置上。在中间任意一个帧上，右击时间轴，选择添加"传统补间"来完成中间画面的补间工作，具体设置如图 4-31 所示。

步骤 7：如果需要多几只蝴蝶，只需新建多个图层，将每只蝴蝶放在一个图层上，设置其动画即可。并可以另外再添加花丛的背景图层，在此不一一赘述。最终，选择菜单中的"文件"→"导出"→"导出影片"→"SWF 影片"，将动画导出，保存为 SWF 格式的动画影片，具体设置如图 4-32 所示。

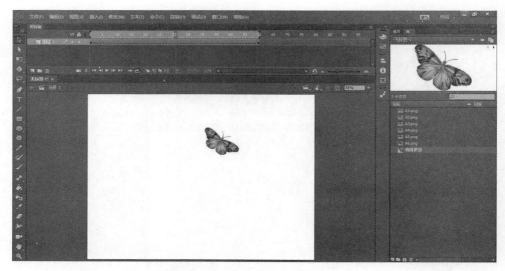

图 4-31　设置传统补间动画

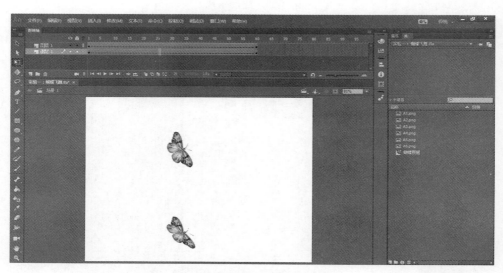

图 4-32　设置两个图层的动画

实验 4-5　行驶的小汽车

（1）实验要求。

利用素材文件夹"实验 4-5"中的素材制作一辆小汽车一边鸣喇叭一边行驶的动画（大小：555 像素×322 像素）。完成后的动画导出为 SWF 影片。实验结果的动画示例如图 4-33所示。

实验 4-5　行驶的小汽车

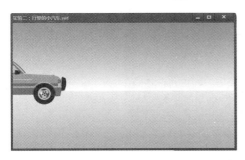 

图 4-33 结果动画关键帧示例

（2）实验目的。

强化元件的使用；掌握在动画中加入声音的方法。

（3）实验步骤。

步骤 1：在 Adobe Animate CC 2017 中新建文档，将素材导入到库。在图层 1 的第 1 帧添加背景图片画面，并通过添加结束关键帧使背景图片画面延续整个动画过程。具体操作如图 4-34 所示。

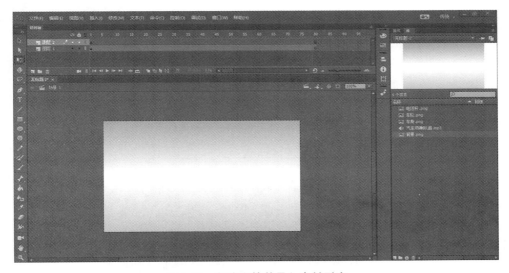

图 4-34 新建文档并导入素材到库

步骤 2：小汽车自身是一个影片剪辑元件，因为轮子是动的，而轮子本身又是一个影片剪辑元件，因此，本实验需要创建两个影片剪辑元件。首先在"库"面板中右击选择"创建新元件"，如图 4-35 所示。

步骤 3：在"转动的轮子"影片剪辑元件的编辑窗口中设置轮子的起始关键帧和结束关键帧，并在中间帧上添加传统补间，并为补间的属性设置"旋转"及转动次数的取值，完成转动轮子的影片剪辑元件的编辑。具体操作如图 4-36 所示。

步骤 4：在"库"面板中再新建一个影片剪辑元件"轮子转动的汽车"，如图 4-37 所示。

步骤 5：在这个影片剪辑元件编辑窗口的时间轴上的第一个关键帧放置一个车身的

图 4-35　创建新元件

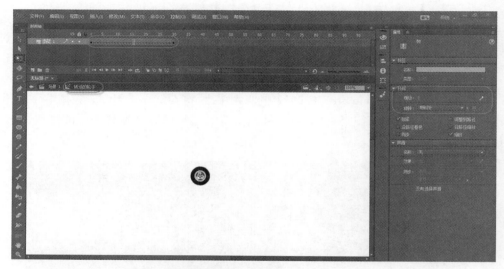

图 4-36　创建影片剪辑元件"转动的轮子"

图 4-37　创建影片剪辑元件"汽车"

静态图形,再放置两个"转动的轮子"影片剪辑元件,这样一个车轮转动的小汽车的动画就完成了,具体操作如图 4-38 所示。但它也仅仅是一个影片剪辑元件。如果要汽车向前行进,还需要返回到"场景 1"去安排舞台的内容。

步骤 6:回到场景 1 的编辑窗口,在"场景 1"的第一个关键帧上放置一个"轮子转动的汽车"影片剪辑元件,再设置它的结束关键帧,在两个关键帧之间创建"传统补间",即可完成小汽车向前行进的动画。在补间的"属性"窗口中为补间的帧添加声音文件,在动画中融入声音信息,这是位图动画无法做到的,而 SWF 矢量动画可以实现声音信息的融合。具体操作如图 4-39 所示。

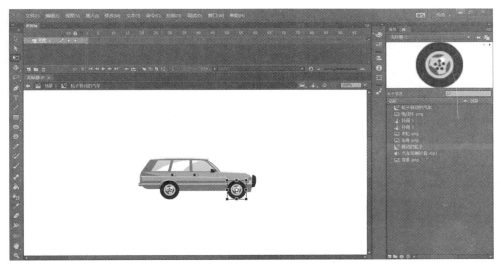

图 4-38 返回场景编辑界面

图 4-39 设置补间属性并添加声音

步骤 7：最终，选择菜单中的"文件"→"导出"→"导出影片"→"SWF 影片"，将动画导出为 SWF 格式。

实验 4-6 形状补间

（1）实验要求。

创建一个动画（大小：550 像素×400 像素），表现图 4-40 中从（a）到（b）的逐渐演变过程（请将示例图的颜色及文字内容按自己

实验 4-6 形状补间

的意愿进行调整）。完成后的动画导出为 SWF 影片。本实验的结果示例如图 4-40 所示。

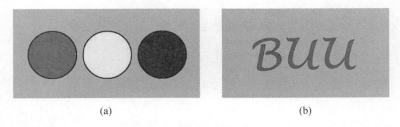

(a)　　　　　　　　　　　　　　(b)

图 4-40　动画起始帧及结束帧示例

（2）实验目的。

掌握补间形状的应用场合及实现方法。

（3）实验步骤。

步骤 1：在 Adobe Animate CC 2017 中新建一个文档，并调整舞台大小等参数。在时间轴的第一个关键帧上添加三个圆形。通过这些图形的属性窗口可以修改它们的颜色、笔触等。具体操作如图 4-41 所示。

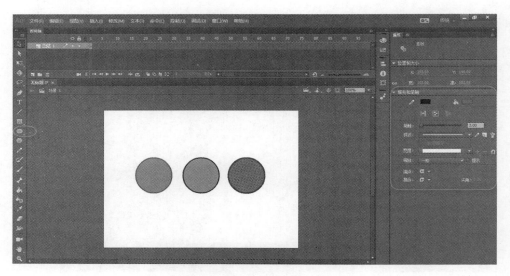

图 4-41　设置动画起始关键帧

步骤 2：在动画的结束帧位置添加一个空白关键帧，画面内容为几个文字。使用工具箱中的文字工具，在结束关键帧上创建一个文字对象，任意设置颜色及字体。具体操作如图 4-42 所示。

步骤 3：SWF 动画的"补间形状"动画实现功能可以把一个"分离"对象变换为另一个"分离"对象。因此，要确保动画的起始帧和结束帧为"分离"状态。右击画面上的形状或文字，选择将其变化为"分离"状态。一次分离不够时再次进行分离，直至把对象变为"分离"状态，无法再分离。具体操作如图 4-43 所示。

图 4-42　设置动画结束关键帧

图 4-43　将对象多次分离

步骤 4：此时，起始关键帧是分离的，结束关键帧也是分离的，这两个关键帧之间就可以利用"补间形状"来插补出中间帧画面。任意选择中间帧右击，选择"创建补间形状"，具体操作如图 4-44 所示。

步骤 5：选择菜单中的"控制"→"测试影片"，就可以看到形状逐渐演变的动画效果，如图 4-45 所示。最终，将动画文件导出为 SWF 格式。

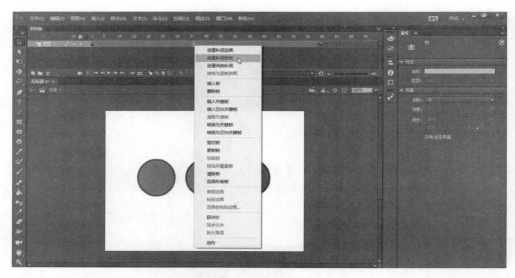

图 4-44　创建补间形状

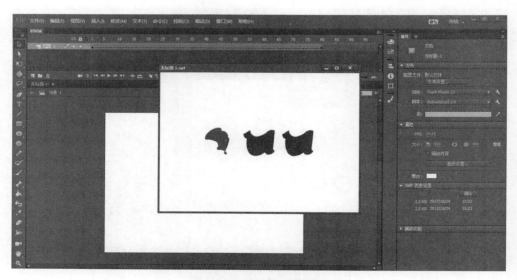

图 4-45　动画的补间帧示例

实验 4-7　制作交互式音乐电子相册动画

（1）实验要求。

使用素材文件夹"实验 4-7"中的各种素材制作一个音乐电子相册动画，动画画面上包含两个控制按钮，可以控制此动画的播放和停止。将动画导出为 SWF 文件。

实验 4-7　制作交互式音乐
电子相册动画

（2）实验目的。

理解通过 AS（动作脚本）编程实现交互式动画的基本方法。

（3）实验步骤。

步骤 1：在 Adobe Animate CC 2017 的启动窗口中选择"新建"→"ActionScript 3.0"，打开一个无标题文件，编辑界面如图 4-46 所示。中间白色区域为舞台，这是在创建 Adobe Animate 文档时放置图形内容的矩形区域。创作环境中的舞台相当于 Flash Player 或 Web 浏览器窗口中在播放期间显示文档的矩形空间。可以使用放大和缩小功能更改舞台的视图。最右边的工具栏默认以单列形式显示，当选择某种工具时，在中间的属性窗口可以修改工具的属性选项。左下方则为动画编辑的时间轴。

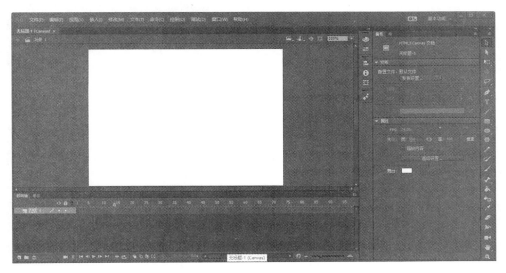

图 4-46　Animate 编辑界面

步骤 2：要构建 Animate 动画，首先需要导入媒体元素，如图像、视频、声音和文本等。在舞台和时间轴中排列这些媒体元素，定义它们在动画中的显示时间和显示方式。本实例要制作一个交互式的音乐电子相册，需要在菜单栏中选择"导入"→"导入到库"，将所需的各种素材导入到库中。选择"窗口"菜单，勾选"库"，即可看到已经导入的素材。此时可以按照设计将素材装配到时间轴上。例如，将每幅图片放置到第 1 帧上，并让它在舞台上停留 30 帧（Animate 动画默认帧频为 24 帧/秒，30 帧大约为 1.2 秒）。在第 30 帧的位置右击，选择"插入帧"，即可将第 1 帧的关键帧画面延续到第 30 帧位置。具体操作如图 4-47 所示。

步骤 3：用上述方法可以安排多张图片按一定顺序排列在时间轴上，每幅图片在用户眼前静止停留一段时间后更换为另一幅图片。如果想让图片动起来，则需要为图片添加动画，如图 4-48 所示。选择第 1 帧上的图片对象，右击，将其转换为一个图形元件，Animate 可以为动画元件添加补间动画。

步骤 4：转换为元件后，可以手工为这个元件添加补间动画，也可以使用一些预置动

图 4-47　在时间轴上创建动画内容

图 4-48　将图片转换为元件

画快速为其添加动画。本实验选择在"窗口"菜单中勾选"动画预设"窗口，可以看到 Animate 中预设了多种动画，选择"2D 放大"预设后，图片元件就会以从小到大的动画方式展现，如图 4-49 所示。其他电子相册图片的展示可以使用类似方法实现。

步骤 5：为动画设置背景音乐，可以在时间轴中添加一个图层 2，该图层用来放置背景音乐。单击图层 2 的第一帧，在右边的属性栏中，选择已经导入的背景音乐素材，在时间轴的图层 2 中以波形方式显示音乐已经插入，如图 4-50 所示。

步骤 6：在 Adobe Animate 中创建动画时，如果要添加交互性功能，就需要使用

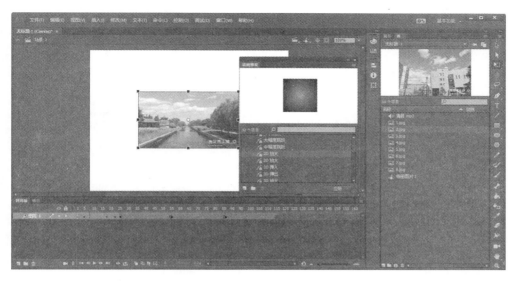

图 4-49 为元件添加动画

图 4-50 为动画添加背景音乐

ActionScript 脚本语言。这种脚本编写语言允许向动画中添加复杂的交互性、播放控制和数据显示(注:ActionScript 具有自身的语法规则,它包含多个版本,以满足各类开发人员和播放硬件的需要。但是,ActionScript 3.0 和 2.0 相互之间是不兼容的。在 Animate CC 2017 中,ActionScript 2.0 已被弃用。)

步骤 7:在时间轴中新建一个图层 3,添加两个文本对象,分别为"播放"和"停止"。希望单击这两个按钮时,动画能够产生交互式反应,使动画能够停止或重新播放。分别选择"播放"和"停止"文本对象,将它们都转换为按钮元件(也可以使用按钮素材制作),

如图 4-51 所示。

步骤 8：在图层 3 上选择"播放"按钮，在"窗口"菜单中选择"动作"窗口，打开图 4-52 所示的动作脚本编写窗口。对于一些常规的 ActionScript 代码，无须手工编写，只需单击 "代码片段"，即可调用一些预先编写好的代码片段。

图 4-51　为动画添加交互式按钮

图 4-52　为按钮添加动作脚本

步骤 9：选择"播放"按钮时，双击代码片段中的"时间轴导航"→"单击以转到帧并播放"，如图 4-53 所示，希望单击时播放动画，因此可以将默认的 gotoAndPlay(5);修改为 play();，并将"停止"按钮的代码修改为 stop();，单击"停止"按钮时，动画可以停止在当前帧，如图 4-54 和图 4-55 所示。

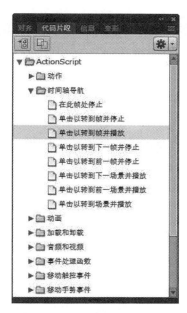

图 4-53　"代码片段"窗口

```
1
2   /*单击以转到帧并播放
3   单击指定的元件实例会将播放头移动到时间轴中的指定帧并继续从该帧回放。
4   可在主时间轴或影片剪辑时间轴上使用。
5
6   说明:
7   1. 单击元件实例时,用希望播放头移动到的帧编号替换以下代码中的数字 5。
8   */
9
10  button_1.addEventListener(MouseEvent.CLICK, fl_ClickToGoToAndPlayFromFrame_2);
11
12  function fl_ClickToGoToAndPlayFromFrame_2(event:MouseEvent):void
13  {
14      gotoAndPlay(5);
15  }
16
17  /*单击以转到帧并停止
18  单击指定的元件实例会将播放头移动到时间轴中的指定帧并停止影片。
19  可在主时间轴或影片剪辑时间轴上使用。
20
21  说明:
22  1. 单击元件实例时,用希望播放头移动到的帧编号替换以下代码中的数字 5。
23  */
24
25  button_2.addEventListener(MouseEvent.CLICK, fl_ClickToGoToAndStopAtFrame_2);
26
27  function fl_ClickToGoToAndStopAtFrame_2(event:MouseEvent):void
28  {
29      gotoAndStop(5);
30  }
31
```

第 29 行(共 31 行),第 20 列

图 4-54　编写播放和停止按钮的 ActionScript 代码

步骤 10:动画制作完成后,在菜单中选择"控制"→"测试影片",可以浏览动画。在菜单中选择"文件"→"导出"→"导出影片",将影片导出为 SWF 格式的文件。

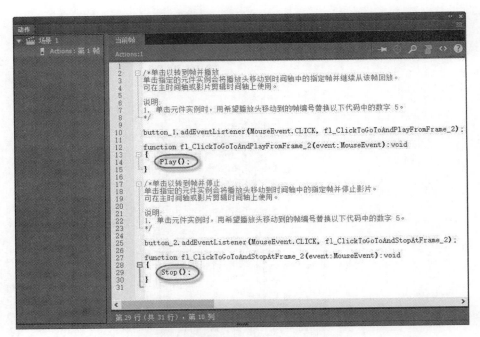

图 4-55　根据需要修改 ActionScript 代码

实验 4-8　了解视频分享网站的 FLV 技术

（1）实验要求。

使用素材文件夹"实验 4-8"中的视频文件，制作一个与在线视频网站类似的视频播放网页，并添加制作人信息。实验结果示例如图 4-56 所示。

实验 4-8　了解视频分享网站的 FLV 技术

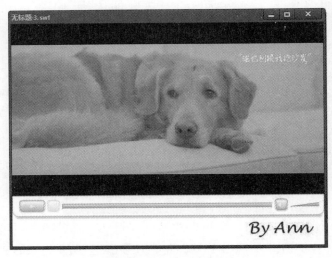

图 4-56　实验结果示例

（1）实验目的。

了解视频分享网站的 FLV 技术；掌握 FLV 视频播放网页的基本创建方法。

（2）预备知识

视频分享网站提供的视频内容可谓各有千秋，但它们许多都应用 Flash 作为视频播放载体，支撑这些视频网站的技术基础就是 Flash 视频（FLV）。

FLV 是一种全新的流媒体视频格式，它利用网页上广泛使用的 Flash Player 平台，将视频整合到 Flash 动画中。也就是说，网站的访问者只要能看 Flash 动画，自然也能看 FLV 格式视频，而无须再额外安装其他视频插件，FLV 视频的使用给互联网视频传播带来了极大便利。

FLV 是 Flash Video 的简称。由于它形成的文件极小、加载时速度极快，使得网络观看视频文件成为可能，它的出现有效解决了视频文件导入 Flash 后使导出的 SWF 文件体积庞大，不能在网络上很好地使用等缺点。

（4）实验步骤。

步骤 1：启动 Adobe Animate CC 2017，新建一个 ActionScript 3.0 文档，单击"文件"→"导入"→"导入到舞台"，将视频素材直接导入到舞台。具体操作如图 4-57 所示。

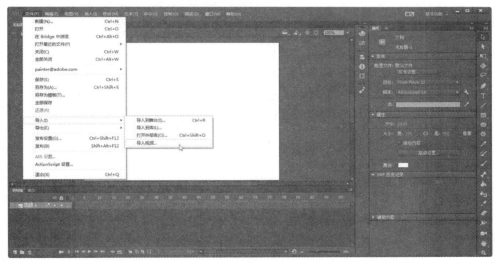

图 4-57　开始导入视频

步骤 2：导入视频开始时，需要确定要导入的视频文件在哪里，并选择以哪种方式放置到 SWF 动画中。选择"使用播放组件加载外部视频"。在文件路径中选择素材路径。然后单击"下一步"。具体操作如图 4-58 所示。

步骤 3：接下来需要根据需要设定合适的播放组件外观，"外观"的下拉列表中有多种选项，还可以创建自定义的播放控件外观。之后单击"下一步"按钮。将视频导入到 SWF 舞台后，可以在属性面板中调整其位置及大小等。具体操作如图 4-59 所示。导入完成后的舞台状态如图 4-60 所示。

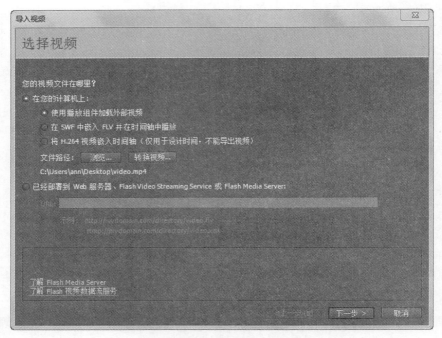

图 4-58　"选择视频"对话框

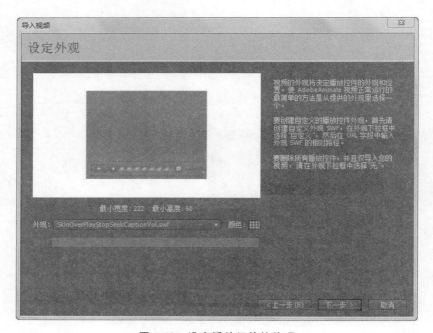

图 4-59　设定播放组件的外观

步骤 4：在时间轴上添加一个图层，使用"文本工具"注明个人信息。在目前的视频分享网站中，经常通过这种添加图层的方法增加广告。具体操作如图 4-61 所示。

图 4-60　导入完成后舞台的状态

图 4-61　添加图层

步骤 5：此时完成了一个应用了 Flash Video 技术实现的视频播放动画的制作，Adobe Animate 支持将其发布为 Flash 作品与 HTML 包装器，方便直接上传到网站服务器使用。单击"文件"→"发布"→"发布设置"，打开图 4-62 所示的"发布设置"对话框。

步骤 6：在"发布设置"对话框中选择将作品发布为一个 SWF 文件及附带的 HTML 包装器，并分别选择 SWF 及 HTML 文件的输出路径及名称。选择正常播放此网页时所使用的 FlashPlayer 的版本等。单击"确定"按钮，完成发布。注意，此时发布的结果网页可以在安装有 FlashPlayer 目标版本的浏览器中正常查看。

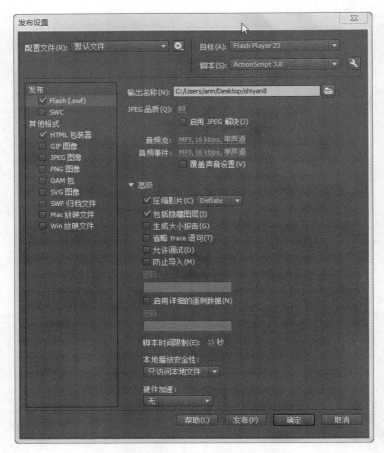

图 4-62 "发布设置"对话框

实验 4-9 体验 HTML5 交互式动画设计

（1）实验要求。

了解 HTML5 的基本技术及制作工具，并登录 http://www.eqxiu.com，注册易企秀账号。创建一个空白 HTML5 作品。主题自拟，要求作品至少由封面页、内容页、尾页共三页构成；要求包含动画；添加背景音乐。保存并发布 HTML5 产品。提交作品二维码图片。实验结果示例如图 4-63 所示。

实验 4-9 体验 HTML5 交互式动画设计

（2）实验目的。

了解 HTML5 动画的相关知识，体验其发展趋势；掌握使用专用工具制作 HTML5 的基本方法。

（3）实验步骤。

步骤 1：在浏览器（建议使用目前支持 HTML5 更好的 Chrome 浏览器）中打开易企秀网站（地址：http://www.eqxiu.com），完成注册及登录。注：易企秀是一家国内智能

(a) 封面页

(b) 内容页

(c) 尾页

图 4-63　实验结果示例

内容创意营销平台,它的在线 HTML5 自助制作工具可以使用户快速制作一个炫酷的 HTML5 场景,一键上线,自助开展 HTML5 营销,满足活动邀约、品牌展示、引流吸粉、数据管理、电商促销等营销需求。实验选择通过这个产品了解目前 HTML5 主流在线制作工具的使用方法。登录后的会员主页面如图 4-64 所示。

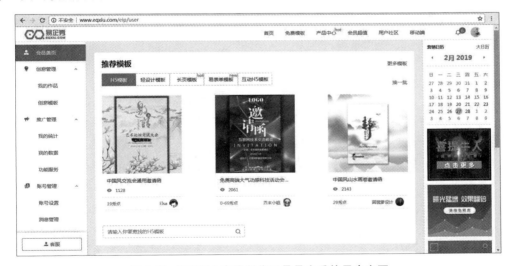

图 4-64　HTML5 在线制作工具易企秀的用户主页

步骤 2:利用这个平台中"我的作品"栏目可以进行 HTML5 作品的创作,如图 4-65 所示。平台还提供了大量模板供用户使用。

步骤 3:易企秀 HTML5 作品的编辑视图如图 4-66 所示,可以看到模板栏,工具栏,编辑区,页面管理(页面的添加、删除等),图层管理,预览、保存及发布等丰富的编辑要素。能够简单快捷地完成多个 HTML5 页面的制作和发布工作。可以自行尝试本实验具体内容。

图 4-65　易企秀作品创建页面

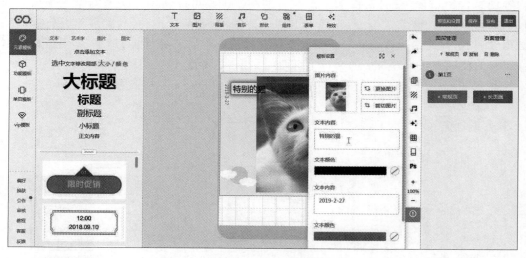

图 4-66　HTML5 编辑视图

第 5 章

chapter 5

视频获取与处理

扩展实验
实验 5-7：马赛克蒙版跟踪
实验 5-13：AE 的跟踪技术
实验 5-14：AE 的音频频谱效果
实验 5-15：其他视频编辑软件使用

进阶实验
实验 5-5：抠像（键控）技术应用
实验 5-6：区域遮罩
实验 5-9：国家图书馆宣传短片
实验 5-11：AE 的三维特效
实验 5-12：AE 的粒子世界

基础实验
实验 5-1：非线性编辑基本操作
实验 5-2：30 秒人物混剪
实验 5-3：视频过渡效果
实验 5-4：视频效果处理
实验 5-8：MV 制作
实验 5-10：AE 的效果与预设

基本理论
视频的基本概念
数字化视频的过程
数字视频的数据量计算
数字视频的相关参数
数据视频的文件格式

本章学习目标：

- 了解：数字视频的基本概念
- 理解：数字化视频的过程
- 掌握：数字视频的相关参数：制式、扫描、分辨率、宽高比等
- 掌握：数字视频的文件格式
- 了解：数字视频的制作及处理工具
- 掌握：数字视频的制作与处理的基本方法

5.1 视频的基础知识

5.1.1 视频的基本概念

视频（video）是连续变化的影像，是目前多媒体技术中比较复杂的处理对象。视频通常是指实际场景的动态演示，比如电影、电视和摄像资料等。

5.1.2 数字视频的基本概念

总体来说，数字视觉媒体可以分为静态和动态两大类，具体可以用图 5-1 表示。在前面的章节中，第三章讲解了静态视觉媒体的获取与处理，第四章讲解了动态视觉媒体中动画设计与制作的相关内容。

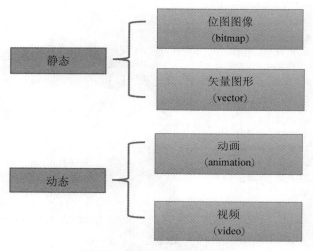

图 5-1　数字视觉媒体的分类

动画和视频信息是连续渐变的静态图像或图形序列，沿时间轴顺次更换显示，从而构成动态视觉的媒体，如图 5-2 所示。当序列中每帧图像是由人工或计算机产生的图像时，称为动画。当序列中每帧图像是通过实时摄取自然景象或活动对象获得的图像时，称为视频，当把这些视频放入计算机中形成数字文件，即为数字化视频。数字视频的内容是被计算机捕捉并数字化了的影音信息，可以将图像和音频的信号结合在一起存放。

5.1.3 模拟视频与数字视频的区别

模拟视频是指由连续的模拟信号组成的视频图像，过去的电影、电视都是模拟信号，之所以将它们称为模拟信号，是因为它们模拟表示了声音、图像信息的物理量。摄像机是获取视频信号的来源，早期的摄像机以电子管作为光电转换器件，把外界的光信号转换为电信号。摄像机前被拍摄物体的不同亮度对应不同的亮度值，摄像机电子管中的电

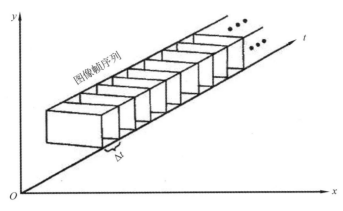

图 5-2 动态视觉媒体

流会发生相应的变化。模拟信号就是利用这种电流的变化来表示或者模拟所拍摄的图像,记录下它们的光学特征,然后通过调制和解调,将信号传输给接收机,通过电子枪显示在荧光屏上,还原成原来的光学图像。这就是模拟视频获取和播放的基本原理。

数字视频就是以数字形式记录的视频。数字视频可以有多种产生的方式,比如通过数字摄像机直接产生数字视频信号,存储在磁盘、光盘或者 P2 卡等存储介质上,从而得到不同格式的数字视频,然后通过计算机或特定的播放器播放出来。

随着数字视频应用范围的不断发展,它的功效越来越明显。数字视频与模拟视频相比有以下特点:

(1) 数字视频可以无失真地进行无限次复制,而模拟视频信号每转录一次,就会有一次失真。

(2) 数字视频可以长时间地存放而不会降低视频原质量,而模拟视频长时间存放后,视频质量会降低。

(3) 可以对数字视频进行非线性编辑,并可以增加特效,而模拟视频不能进行非线性编辑。

(4) 数字视频数据量大,在存储与传输过程中必须进行压缩编辑。

5.2 数字化视频

5.2.1 数字化视频的过程

一般来说,获得数字视频主要有以下两种方法:

(1) 通过数字摄像机直接产生数字视频信号,存储在磁盘、光盘或 P2 卡等存储介质上,然后放入计算机中。

(2) 通过视频采集卡获取。这类采集卡用以将摄像机、录像机、电视机等输出的模拟信号从模拟输入接口输入,数字化后存入计算机。

其中,将模拟视频信号数字化并转换为计算机数字视频信号的多媒体卡称为视频捕捉卡或视频采集卡。模拟视频数字化需要经过一系列的技术处理：包括颜色空间的转换、扫描方式的转换、分辨率的转换等过程。将模拟电视数字化的基本方法是：采用一个高速的模/数转换器对全彩色电视信号进行数字化，然后在数字域中分离亮度和色度，最后再转换成 RGB 分量。

5.2.2　数字视频的数据量计算

数字视频信号既有空间维度，又有时间维度。对于一幅未经压缩的数字图像来说，它的计算公式是：数字图像数据量＝分辨率×位深度/8(B)。因此，对于一个未经压缩的数字视频来说，它的图像部分的数据量计算方法如下：

$$数字视频数据量＝分辨率×位深度×帧频×时间/8（B）$$

下面举例说明数字视频图像数据量的计算过程。

问题描述：一个 2 分钟时长、帧频为 24，分辨率为 720 像素×576 像素，24 位真彩色的数字视频，不经压缩的数据量是多少？具体的计算过程如下：

$$数字视频数据量 ＝分辨率×位深度×帧频×时间/8B$$
$$数字视频数据量 ＝720×576×24×24×120/8B$$
$$≈3\ 583\ 180\ 800B$$
$$≈3\ 499\ 200KB$$
$$≈3417MB$$
$$≈3GB$$

由此计算可知，如果不对数字视频进行压缩，仅视觉信息部分的数据量就非常庞大。数字视频中还同时存储了声音信息，因此，非常有必要对数字视频的影像和声音信息进行压缩编码。

当然，数字视频数据之所以能够被压缩，主要是其中存在大量的冗余数据，包括时间冗余、空间冗余、结构冗余、视觉冗余、知识冗余和数据冗余等。在保证视频质量相同的前提下，谁挖掘利用的冗余越多，谁的数据速率就越低，压缩率就越高。

5.2.3　数字视频的相关参数

1. 制式

实现电视的特定方式，称为电视的制式。制式定义了对视频信号的解码方式。

不同制式对色彩的处理方式、屏幕扫描频率等有不同的规定。因此，如果计算机系统处理视频信号的制式与其相连的视频设备的制式不同，则会明显降低视频图像的效果，有的甚至根本没有图像。

在黑白和彩色模拟电视的发展过程中，分别出现过许多种不同的制式。各国的模拟电视制式不尽相同，制式的区分主要在于帧频、分辨率、信号带宽以及色彩空间的转换关系不同等。在国际上，模拟电视视频制式标准有三种：NTSC 制式、PAL 制式、SECAM 制式。三种制式的具体的区别如表 5-1 所示。由于数字电视是从模拟电视发展而来，这三种模拟彩色电视制式互不兼容，因此数字电视的格式明显带有各种彩色电视制式的痕迹。而数字电视格式的标准目前并未统一。

表 5-1　三种模拟电视视频制式

TV 制式	NTSC 正交平衡调幅制 NTSC(National Television Systems Committee，国家电视制式委员会)	PAL 逐行倒相正交平衡调制 PAL(Phase-Alternative Line)	SECAM 顺序传送彩色与存储制 SECAM(Sequential Couleur à Mémorire(法文))
代表国家	美国、加拿大、日本	中国、德国、英国	法国、俄罗斯
分辨率	720×480	720×576	720×576
画面宽高比	4∶3	4∶3	4∶3
帧频	30	25	25

2. 扫描

传送数字图像时，将每幅图像分解成很多像素，按一个一个像素、一行一行的方式顺序传送或接收，就称为扫描。

i 和 p 分别表示两种不同的扫描方式，i 为隔行扫描(interlace scan)，p 为逐行扫描(progressive scan)。

隔行扫描是将一帧图像分成两场(从上至下为一场)进行扫描，第一场先扫描 1、3、5等奇数行，第二场再扫描 2、4、6 等偶数行，普通的电视机一般都采用隔行扫描。逐行扫描是将各扫描行按照次序扫描，即一行紧跟一行的扫描方式，计算机显示器都采用逐行扫描。两种扫描方式示意图如图 5-3 所示。

随着数字电视技术的发展，隔行扫描方式会逐渐被逐行扫描方式取代。

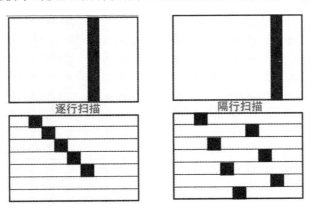

图 5-3　两种扫描方式示意图

3. 分辨率

Digital Television，即数字电视，其采集、制作、节目的传输都采用数字信号。数字视频的分辨率也就是清晰度，包括垂直和水平两个方向。在相同尺寸范围内，水平和垂直方向上能够分辨出的点数越多,图像就越清晰。所谓高清晰度电视(high definition television),指的是图像质量等于或者超过35mm胶片电影质量的电视,它传送的视频信号量为普通电视的4~5倍。国际电联给出的定义是:一个正常视力的观众在距该系统显示屏高度的3倍距离上所看到的图像质量应具有观看原始景物或表演时所得到的印象。

目前,虽然世界上的数字电视格式繁多,没有统一的格式,但根据数字视频的不同分辨率水平,大致可以分成以下几种类型。

- LDTV(low-definition television):低清晰度电视,简称低清电视。
- SDTV(standard definition television):标准清晰度电视,简称标清电视。
- HDTV(high definition television):高清晰度电视,简称高清电视。
- UHDTV(ultra high definition television):超高清晰度电视,简称超高清电视。

目前,常见的数字电视广播制式共有5种。其中,标准清晰度电视广播有480i和480p两种,高清晰度电视广播有720i、720p、1080i、1080p。

其中,数字反映的是视频的垂直分辨率。例如,720p就是指1280×720逐行扫描,这是一种将信号源的水平分辨率按照约定俗成的方法进行缩略的命名规则。达到720p以上的分辨率是高清信号的准入门槛,因此720p标准也被称为HD标准,而1080i/1080p被称为全高清(Full HD)标准。

生活中常见的2K(1920×1080)、4K(3840×2160)、8K(7680×4320)的表达,也是视频分辨率的一种简要描述方式。例如,4K即分辨率为3840×2160的数字电视。

4. 宽高比

视频画面的宽高比是指视频图像的宽度和高度之比。而像素长宽比是指图像中每一个像素的长度和宽度之比。画面的长度=横向像素数×每个像素的长度,画面的宽度=纵向像素数×每个像素的宽度。在许多情况下,像素点不一定是正方形的。如图5-4所示,两幅画面的宽高比相同,但像素的长宽比却不同。

通常,电视像素是矩形,计算机显示器像素是正方形。因此,在计算机显示器上看起来合适的图像,在电视屏幕上会变形。

选择像素长宽比取决于数字视频将在什么样的终端显示,如果仅仅是在计算机显示器上显示,就选择方形像素,如果要在电视或宽屏电视上显示,则要选择相应的像素长宽比,以免发生变形。例如,如图5-5所示,在Adobe Premiere CC 2017中进行序列设置时,就有帧大小(水平像素数、垂直像素数、帧宽高比)、像素长宽比的选项,应根据实际需要选择。

5.2.4 数字视频的文件格式

细分起来,广义的视频文件可以分为两类:即动画文件和影像文件。

动画文件指由相互关联的若干帧静止图像所组成的图像序列,这些静止图像连续播放便形成一组动画,通常用来完成简单的动态过程演示。

影像文件主要指那些包含了实时的音频、视频信息的多媒体文件,其多媒体信息通常来源于视频输入设置。下面介绍一些主流的视频文件格式。

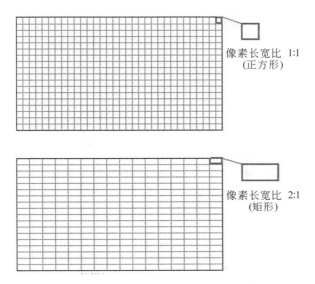

图 5-4　画面宽高比与像素长宽比的示意图

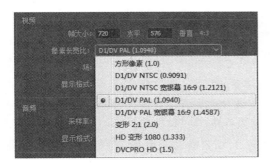 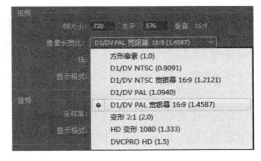

图 5-5　软件中的帧大小与像素长宽比设置

1．AVI

AVI 是音频视频交错(Audio Video Interleaved)的英文缩写,它是微软公司开发的一种符合 RIFF 文件规范的数字音频与视频文件格式,原先用于 Microsoft Video for Windows 环境,现在已被 Windows、OS/2 等多数操作系统直接支持。

AVI 格式允许视频和音频交错在一起同步播放,支持 256 色和 RLE 压缩,但 AVI 文件并未限定压缩标准。因此,AVI 文件格式只是作为控制界面上的标准,不具有兼容性。用不同压缩算法生成的 AVI 文件,必须使用相应的解压缩算法才能播放出来。

2．Windows Media

Windows Media 视频文件主要有两种不同的扩展名:ASF 文件和 WMV 文件。

ASF 是 Advanced Streaming Format 的缩写,是微软公司 Windows Media 的核心。ASF 定义为同步媒体的统一容器文件格式。ASF 是一种数据格式,包括音频、视频、图

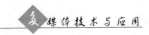

像以及控制命令脚本等多媒体信息。这种格式以网络数据包的形式传输,实现流式多媒体内容发布。

WMV是微软推出的一种流媒体格式,它由 ASF 格式升级延伸而来。在同等视频质量下,WMV 格式的体积非常小,因此很适合在网上播放和传输。

3. MPEG 文件(MPG/DAT)

MPEG 的英文全称为 Moving Picture Expert Group,即运动图像专家组格式,VCD、SVCD、DVD 视频就是这种格式。MPEG 是压缩视频的基本格式。MPEG 有两个变种:MPV 和 MPA。MPV 只有视频不含音频,MPA 则是只记录了音频没有视频。

VCD 中的 DAT 文件,实际上是在 MPEG 文件头部加上了一些运行参数形成的变体。可以使用软件将其转换成标准的 MPEG 文件。

目前,MPEG 视频格式标准包括 MPEG-1 Video、MPEG-2 Video、MPEG-4 Video、H.264/MPEG-4 AVC、H.265/MPEG-H HEVC。这些视频标准有许多共同之处,且基本概念类似,数据压缩和编码方法基本相同,它们的核心技术都是采用以图像块作为基本单元的变换、量化、移动补偿、熵编码等技术,在保证图像质量的前提下获得尽可能高的压缩比。

4. Real Media

RM、RMVB 都是 Real Networks 公司制定的音频视频压缩规范,根据不同的网络传输速率而制定出不同的压缩比率,从而在低速率的网络上进行影像数据实时传送和播放,具有体积小、画质较好的优点。

RMVB 改变了原先 RM 格式那种平均压缩采样的方式,在保证平均压缩比的基础上采用浮动比特率编码的方式,将较高的比特率用于复杂的动态画面,而在静态画面中则灵活地转为较低的采样率,从而使 RMVB 最大限度地压缩了影片的大小,并拥有接近 DVD 品质的视听效果。一般来说,一部 120 分钟的 DVD 体积为 4GB,而使用 RMVB 格式来压缩仅有 400MB 左右,而且清晰度不会差太远。RMVB 格式兴盛一时,但目前已被 MP4、MKV 等格式所替代。

5. MOV

MOV 即 QuickTime 影片格式,是苹果公司开发的一种音频、视频文件格式,用于保存音频和视频信息,具有先进的视频和音频功能。当选择 QuickTime(∗.mov)作为保存类型时,将保存为.mov 文件。MOV 格式被众多的多媒体编辑及视频处理软件所支持,具有较高的压缩率和较完美的视频清晰度,并具有较好的跨平台性。

6. 3GP

3GP 主要是为配合 3G 移动通信网的高传输速度而开发的视频编码格式,也是手机中常用的一种视频文件格式。它是 MP4 格式的一种简化版本,是 3G 移动设备标准格式,应用在手机、MP4 播放器等便携式设备上,其优点是文件体积小,移动性强,适合移动设备使用。缺点是在 PC 上兼容性差,分辨率低,帧数低。

7. FLV

FLV 是 Flash Video 的简称。它的出现有效解决了视频文件导入 Flash 后使导出的 SWF 文件体积庞大,不能在网络上很好使用等问题。FLV 压缩与转换非常方便,适合制作短片。一般 FLV 包在 SWF Player 的壳里,并且 FLV 可以很好地保护原始地址,不容易下载到,起到保护版权的目的,许多视频分享网站都采用 FLV 格式。

5.3　数字视频的制作与处理

5.3.1　线性编辑

传统的视频编辑采用线性编辑方式。线性编辑系统由一台放像机、一台录像机和编辑控制器组成,也可以由多台录、放像机加特技设备组成复杂系统。通过放像机选择一段合适的素材,然后把它记录到录像机中的磁带上,再寻找下一个镜头,然后再记录,如此反复,直到把所有的素材都按顺序剪辑记录下来。通常完成一个视频的剪辑要反复更换录像带,寻找需要的部分,整个制作过程非常烦琐,而且经过多次的重复编辑还会降低视频质量。

传统的线性编辑,编辑时必须顺序寻找所需要的视频画面。用传统的线性编辑方法,插入与原画面时间不等的画面,或删除节目中某些片段时都要重编;而且每编辑一次视频质量都有所下降。

5.3.2　非线性编辑

非线性编辑简称非编。非线性编辑系统实际上是扩展的计算机系统,由一台高性能计算机和一套视频、音频输入/输出卡(即非线性编辑卡),配上一个大容量 SCSI 磁盘阵列,便构成了一个非线性编辑系统的基本硬件。非线性编辑系统直接从计算机的硬盘中以帧或文件的方式存取素材,进行编辑。

它是以计算机为平台的专用设备,可以实现多种传统视频制作设备的功能,可以随意地改变素材顺序,随意地缩短或加长某一段,添加各种效果等。数字化的存储方式则使文件剪辑、复制等操作不再出现损耗。使用非线性编辑系统,可以尽情发挥想象力,不再受线性编辑系统的束缚。

非线性编辑的应用领域很广,随着计算机技术的飞速发展,非线性编辑技术也在不断地更新和进步。它对传统的影视广告制作业产生了极大影响,从商业简报、教学资料片、多媒体读物、产品演示宣传、企业专题片、网页动画到大型的电影和电视剧,都有非线性编辑的应用。

相对于传统线性编辑而言,非线性编辑具有信号质量高、制作水平高、设备寿命长、软件升级便利和网络化的优势,弥补了线性编辑的短板。在现阶段的影视后期制作中,非线性编辑已经完全取代了线性编辑。

5.3.3　常用视频制作与处理软件

　　数字视频制作与处理软件是将图片、音乐、视频等素材经过非线性编辑后,通过二次编码,生成数字视频文件的工具软件。

　　这类软件其实是对图片、视频、音频等素材进行重组编码工作的多媒体软件。重组编码是将图片、视频、音频等素材进行非线性编辑后,根据视频编码规范进行重新编码,转换成新的格式。这样,图片、视频、音频无法被重新提取出来,因为已经转化为新的视频格式,发生质的变化。不同的数字视频制作与处理软件具有不同的编辑与处理功能,提供不同的特效库及视频切换效果库,具有不同的编码运算及扩展能力。

1. Adobe Premiere

　　Adobe Premiere 是由 Adobe 公司推出的一款视频编辑软件,现在常用的版本有 CS4、CS5、CS6、CC 2014、CC 2015、CC 2017、CC 2018 以及 CC 2019 版本。Adobe Premiere 提供了采集、剪辑、调色、美化音频、字幕添加、输出、DVD 刻录等一整套流程,有较好的兼容性,可以与 Adobe 公司推出的其他软件相互协作,目前广泛应用于电视台、广告公司以及电影剪辑等领域。本课程以 Premiere 软件为依托,讲解基本的视频制作与处理实验。

　　Adobe Premiere 与 Adobe 公司的另一款后期特效制作软件 After Effects 都可以完成视频编辑和处理功能,不同之处在于,Premiere 主要完成影片的剪辑工作,而 After Effects 则侧重为视频片段增加各种华丽特效。

　　本节所有视频制作与处理实验,都在 Adobe CC 2017 版本中进行演示。Adobe Premiere Pro CC 2017 的启动窗口如图 5-6 所示。

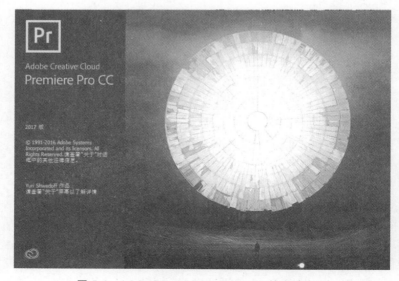

图 5-6　Adobe Premiere Pro CC 2017 的启动窗口

启动 Adobe Premiere Pro CC 2017 后，"开始"窗口如图 5-7 所示。

图 5-7　Adobe Premiere Pro CC 2017 启动后的开始窗口

2．Adobe After Effects

Adobe After Effects，简称 AE，是 Adobe 公司推出的一款图形视频处理软件，适用于从事设计和视频特技的机构，包括电视台、动画制作公司、个人后期制作工作室以及多媒体工作室，属于层类型后期软件。

Adobe After Effects 软件可以高效且精确地创建无数种引人注目的动态图形和震撼人心的视觉效果。利用与其他 Adobe 软件的紧密集成和高度灵活的 2D 和 3D 合成功能，以及数百种预设的效果和动画，为电影、视频、DVD 等作品增添令人耳目一新的效果。

3．Final Cut Pro

Final Cut Pro 是苹果公司开发的一款专业视频非线性编辑软件，第一代 Final Cut Pro 在 1999 年推出。最新版本 Final Cut Pro X 包含后期制作所需的功能。导入并组织媒体、编辑、添加效果、改善音效、颜色分级以及交付，所有操作都可以在该程序中完成。

4．Vegas

Vegas 是一款常用的视频编辑软件，由 Sonic Foundry 公司开发。它可以使剪辑、特效、合成、Streaming 一气呵成。结合高效率的操作界面与多功能的优异特性，可以更简单地创造丰富的影像。它支持无限制的视轨与音轨，提供了影视合成、进阶编码、转场特效、剪辑及动画控制等功能。由于其简单的操作界面，不论是专业人士还是个人用户，都可轻松上手。

5. Edius

Edius 是美国 Grass Valley(草谷)公司的非线性编辑软件。Edius 非线性编辑软件专为广播和后期制作环境而设计,特别针对新闻记者、无带化视频制播和存储。Edius 拥有完善的基于文件的工作流程,提供了实时、多轨道、多格式混编、合成、色键、字幕和时间线输出功能,是一个制作专业视频作品的工具。

6. 会声会影

会声会影是加拿大 Corel 公司制作的视频编辑软件。它操作简单,适合家庭日常使用。它提供影片制作向导模式,只要三个步骤就可快速做出 DV 影片,入门新手也可以在短时间内体验影片剪辑;同时编辑模式包括捕获、剪接、转场、特效、覆叠、字幕、配乐和刻录,全方位剪辑出挑战专业级的家庭电影。

7. Camtasia Studio

Camtasia Studio 是目前使用最广泛的微课视频录制和视频教程制作工具之一。它集成音视频剪辑、录音、录屏、标注、字幕、抠像、动画、转场、水印、测验等功能,自带丰富的音频、视频片头模板,利用其丰富的片头模板制作微课或教程的片头,简单易用、省时省力。

5.4　视频制作与处理实验

实验 5-1　非线性编辑基本操作

(1) 实验要求。

选择素材文件夹"实验 5-1"中给定的多个拍摄素材,合成为一个 30s 的视频短片,并为短片添加新的背景音乐。实验结果导出格式为 MP4。

实验 5-1　非线性编辑
基本操作

(2) 实验目的。

了解 Adobe Premiere 的基本工作环境,熟悉在 Adobe Premiere 中完成非线性编辑项目的完整工作流程(导入素材、合成、导出)。

(3) 实验步骤。

步骤 1:启动 Adobe Premiere Pro CC 2017,在"开始"窗口中选择"新建项目",打开图 5-8 所示的"新建项目"窗口。在此窗口中设置项目的名称、保存位置,以及视频及音频显示格式等。单击"确定"按钮,打开图 5-9 所示的项目编辑窗口,开始项目的编辑工作。

注:在项目编辑界面的正上方有"组件""编辑""颜色""效果"等不同工作区选项,如图 5-10 所示,根据不同的需要选择合适的工作区进行编辑。本实验选择"编辑"模式。

步骤 2:在左下方的"项目"窗口中双击,即可导入项目所需素材。也可以右击,选择

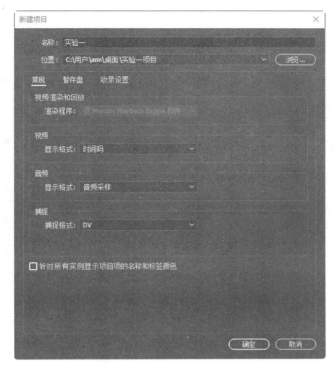

图 5-8 "新建项目"窗口

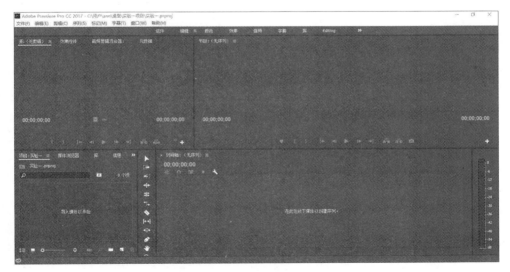

图 5-9 项目"编辑"工作界面

图 5-10 工作区选项

"导入"命令,还可以在菜单中选择"文件"→"导入"命令,采用多种方法都可以将所需素材导入到当前的"项目"窗口中,导入时窗口显示如图 5-11 所示。

图 5-11 导入素材

步骤 3:在 Adobe Premiere Pro CC 2017 中,因为浮动面板较多,每个都较小,如需放大查看,可以双击浮动面板的左上角面板名称位置,放大后的项目窗口如图 5-12 所示。再次双击同样的位置,又可以将面板缩小回原始大小。

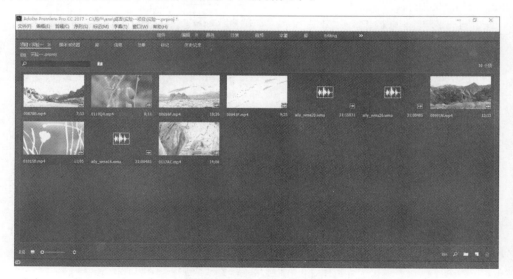

图 5-12 放大后的项目窗口

步骤 4:在项目窗口中仅能够看到素材的缩略信息,双击该素材,即可在界面左上角的"源"浮动面板中查看素材的详细信息,如图 5-13 所示。单击选择该素材,拖动到"时间轴"面板,即开始以非线性编辑方式装配时间轴。在时间轴上可以同时编辑多个视频轨道和音频轨道的合成。

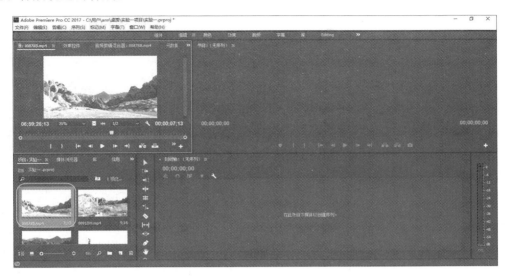

图 5-13　在"源"窗口中查看素材

步骤 5：将多个素材分别装配到时间轴上，在"节目"窗口中可以看到当前播放指示器的位置及节目的总时长信息，它们的时间码格式为"00；00；00；00"，即"小时；分钟；秒；帧"，此时时间轴及项目窗口如图 5-14 所示。单击"播放"按钮，可以在项目窗口中预览当前的完整节目。

图 5-14　时间轴与节目窗口

步骤 6：图 5-14 的时间轴上共装配了 38 秒 02 帧的节目，如果想把节目时长控制在 30s，需要使用时间轴左边的剪辑工具组中的"剃刀"工具，将播放指示器调整到 30s 00 帧的位置（可以使用播放按钮、"前进一帧""后退一帧"按钮，细致调整播放指示器的位置）。

如果不容易找准剃刀工具的位置，需要按下时间轴左上方的"对齐"按钮，自动对齐一些特殊编辑位，更轻松地找准剃刀落下的位置，具体操作如图 5-15 所示。用"剃刀"工具完成片段的切分后，需将剪辑工具更换为默认的"选择"工具。

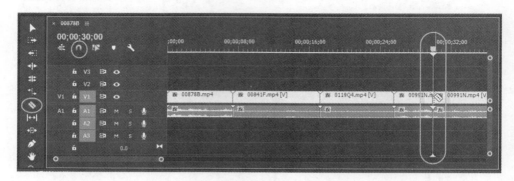

图 5-15　使用"剃刀"工具对片段进行拆分

步骤 7：通过单击时间轴左上方的"链接选择项"（图 5-16 所示），可以调整时间轴上所有视频与音频的链接关系，按下"链接选择项"表示音视频被链接在一起，反之，则各自为独立编辑状态。选择断开链接后，可以按 Delete 键，将原始拍摄素材的音频全部删除。

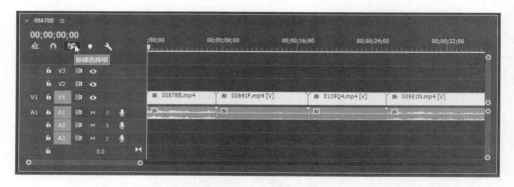

图 5-16　使用"链接选择项"工具断开或链接音视频

步骤 8：断开音视频链接后，删除原始拍摄素材的音频，更换新的背景音乐，如音乐时长不符，可以拖动右边框，当出现红色指示箭头时，可调整时长至合适位置，具体操作如图 5-17 所示。

步骤 9：节目编辑完成后，需导出为视频文件。在节目窗口中，拖动选择需要导出的整个序列，或在项目窗口中选择这个节目的序列文件，在"文件"菜单中选择"导出"→"媒体"命令，打开如图 5-18 所示"导出设置"窗口，根据格式需要选择相应格式。注意查看导出的"摘要"信息，其中列出了导出"源"和"输出"的具体位置、参数，如果符合导出需要，则单击窗口下方的"导出"按钮，即可完成导出工作。

注：导出设置时，不同编码格式对应不同的文件扩展名，如 H. 264 格式对应不同预设的 MP4 文件；H. 264 蓝光格式对应不同预设的 M4V 文件；而 MPEG4 格式则对应 3gp

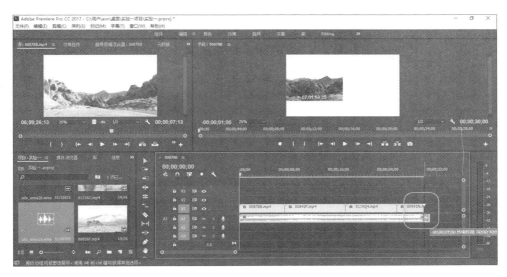

图 5-17　更换背景音乐并调整时长

图 5-18　导出设置窗口

文件。可根据不同质量及数据量的要求选择。Adobe CC 借助 Media Encoder 组件,在不同编码的文件格式之间转换。如果未安装 Media Encoder,也可以导出为默认的 AVI格式,通过第三方的转码工具,如格式工厂等,完成文件格式的转码需求。

实验 5-2　30 秒人物混剪

（1）实验要求。

对素材文件夹"实验 5-2"中的视频素材进行剪辑，仅保留女主角正面出现的镜头，更换背景音乐，制作成 30 秒的人物混剪短片。要求导出的视频格式为 MP4。

（2）实验目的。

了解非线性视频剪辑工具的使用方法。

实验 5-2　30 秒人物混剪

（3）实验步骤。

步骤 1：在 Adobe Premiere Pro CC 2017 中新建项目，将所需的视频素材及音频素材导入"项目"窗口中。双击素材文件，可以在"源"浮动面板中浏览该素材，具体操作如图 5-19 所示。

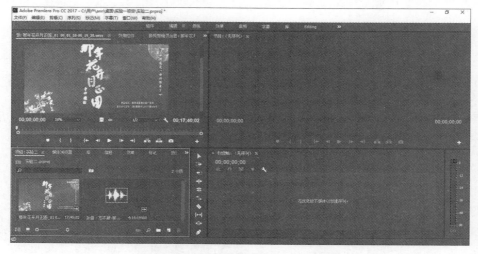

图 5-19　在"源"窗口查看已导入的素材

步骤 2：由于要从这个素材中剪辑出许多片段放入时间轴，所以对素材进行精细选择的工作可以在"源"窗口中完成。在源窗口下方拖动播放指示器，可以快速浏览素材，而通过单击"后退一帧"或"前进一帧"，则可以浏览单帧，细致选择。当需要选择其中一个片段时，可以通过"标记入点"和"标记出点"选择片段的起点和终点（通过放大标尺可以更方便选择），具体控制按钮如图 5-20 所示，标记了入点和出点后的"源"窗口如图 5-21 所示。

步骤 3：在"源"窗口中单击选择素材片段，直接拖到时间轴上，装配到合适位置。以此类推，可以在素材窗口中多次选择某个人物的视频片段，将片段拖到时间轴上排成序列，直至达到规定时长。多余的部分可以使用"剃刀"工具拆分片段，删除不需要的部分；也可以通过向左拖动右边框，达到调整时长的目的。双击"视频 1"轨道，可以放大轨道，看到轨道中视频部分的缩略信息，操作结果如图 5-22 所示。

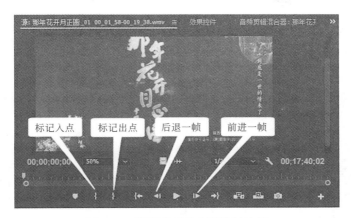

图 5-20　"源"窗口的主要控制按钮

图 5-21　标记入点和标记出点

图 5-22　从素材中选择多个片段装配时间轴

步骤 4：本实验需要删除时间轴上"音频 1"轨道上的音频，替换为新的背景音乐，并将时长调整为相符的时长。当前视频序列的剪辑完成后，时间轴如图 5-23 所示。将时间轴上的整个序列导出为 MP4 文件，导出设置窗口如图 5-24 所示。

图 5-23　序列剪辑完成

图 5-24　将序列导出为 H.264 格式的 MP4 文件

实验 5-3 视频过渡效果

（1）实验要求。

从素材文件夹"实验 5-3"中选择喜欢的有关季节的 6 幅图片，搭配适当的视频过渡效果，配上适当的背景音乐，制作一个短片，短片导出为 MP4。

（2）实验目的。

实验 5-3 视频过渡效果

了解视频过渡的基本概念，熟悉在 Adobe Premiere 中添加视频过渡效果的基本方法。了解第三方视频过渡效果插件的安装及使用方法。

（3）预备知识。

视频过渡（Transition）效果，也称为转场效果或切换效果。一段视频结束，另一段视频紧接着开始，即镜头的切换过程。为了使镜头切换衔接自然或更加有趣，可以使用各种过渡效果。

在 Adobe Premiere Pro CC 2017 的效果窗口中，视频过渡文件夹中列出的内置安装的过渡效果共 7 类，包括"3D 运动""划像""擦除""溶解""滑动""缩放"和"页面剥落"，如图 5-25 所示。其中，"溶解"类中的"交叉溶解"为默认过渡效果（蓝框）。

（4）实验步骤。

步骤 1：启动 Adobe Premiere Pro CC 2017，新建一个项目。将所需图片及音频素材导入到项目窗口中。如果按住 Shift 键，可以同时选中多幅图片素材，一起拖动到时间轴的 V1 轨道上。每幅静态图片默认占用 5 秒的时间轴。如时间轴刻度密集，不方便编辑，可以滑动时间轴左下角滑动块来调整时间线刻度的缩放。此时，时间轴上的序列会以第一个被添加上来的素材的名称进行命名，在项目窗口下，可以对此序列的名称进行"重命名"。具体操作如图 5-26 所示。

步骤 2：在时间轴左边的"效果"窗口中打开"视频过渡"文件夹。选择合适的过渡效果，将其拖放到两个视频片段衔接的位置。在时间轴序列上单击添加

图 5-25 Adobe Premiere Pro CC 2017 中的内置视频过渡效果

加的"过渡效果"，可以在当前工作界面左上方的"效果控件"窗口中详细编辑效果。例如，改变过渡的"持续时间"等。在时间轴序列上单击该过渡效果，按 Delete 键还可以删除该过渡效果，具体操作如图 5-27 所示。

步骤 3：为短片配上合适的背景音乐。从音乐素材中截取所需时长的片段，插入到音频轨道上，配乐完成后的序列如图 5-28 所示。

步骤 4：在 Adobe Premiere Pro CC 2017 中内置的视频过渡效果之外，还可以安装第三方转场特效插件，扩充效果库。图 5-29 所示就通过安装 FilmImpact Transition

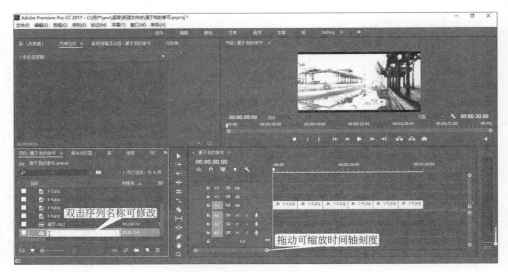

图 5-26　快速装配时间轴

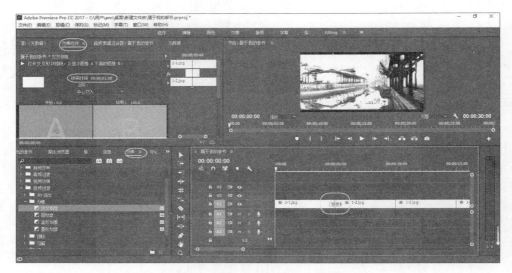

图 5-27　在"效果控件"窗口中修改选中的过渡效果

Packs 在视频过渡效果库中增加了 6 类效果。

实验 5-4　视频效果处理

（1）实验要求。

对素材文件夹"实验 5-4"中的视频素材各部分完成不同的效果处理，配上适当的背景音乐。重新制作一个 MP4 文件。从素材中选取 60s 片段。将片段分成 6 个片段。为各素材片段添加以下规定的视频特效及运动特效。

实验 5-4　视频效果处理

图 5-28　搭配背景音乐

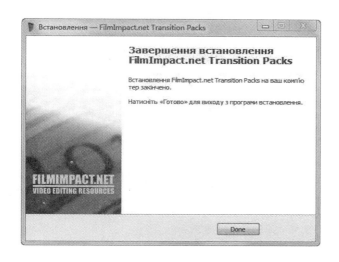

图 5-29　FilmImpact Transition Packs 视频过渡插件

① 第一个片段的画面从左向右运动(手工设置运动效果,位置)。

② 第二个片段的画面从小到大动态变化(手工设置运动效果,比例)。

③ 第三个片段的画面扭曲旋转着消失(预置:扭曲旋转)。

④ 为第四个片段增加"镜头光晕"(生成:镜头光晕)。

⑤ 第五、六个片段同时显示,其中一幅为画中画(预置:画中画,25%比例左下向上至满屏)。

(2) 实验目的。

掌握通过"手工设置运动效果"、使用"预设效果"、使用"视频效果库"3 类添加视频特效的基本方法。

（3）预备知识。

视频效果（Effect），也称为视频特效，是对现实生活中不可能完成的拍摄以及难以完成或花费大量资金而得不偿失的拍摄，用计算机对其进行数字化处理，从而达到预计的视觉效果。

Adobe Premiere Pro CC 2017 中提供 3 类视频效果的处理方法，具体内容如图 5-30 所示。

第一类，手工设置视频效果（例如：运动效果、不透明度效果、时间重映射效果）。

第二类，使用预设效果（例如：卷积内核、扭曲、模糊、画中画等）。

第三类，使用视频效果库（例如：图像控制、生成、模糊与锐化、键控、风格化等）。

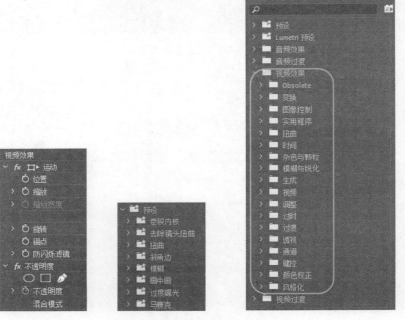

图 5-30　视频效果的三类处理方法

（4）实验步骤。

步骤 1：启动 Adobe Premiere Pro CC 2017，新建一个项目。将所需图片及音频素材导入到项目窗口中。从视频素材上截取 60s 的片段，将其放入时间轴。解除音视频之间的链接，并且锁定音频部分，基本装配完成后的序列如图 5-31 所示。

步骤 2：在时间轴的视频 V1 轨道上用"剃刀工具"将视频片段截为 6 块。之后，需按实验要求对每块视频片段使用不同的视频效果处理，具体操作如图 5-32 所示。注意，用完剃刀工具以后，要更换为选择工具，继续其他编辑工作。

步骤 3：在时间轴的序列上单击要编辑的视频片段一，并打开工作界面左上角的"效果控件"窗口，如图 5-33 所示，可以看到视频片段自身有"运动""不透明度""时间重映射"

图 5-31　完成基本装配

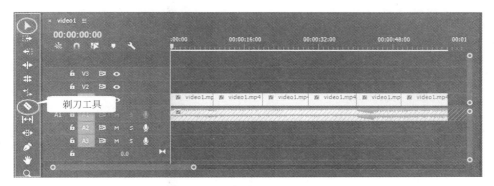

图 5-32　将视频截开后分段处理

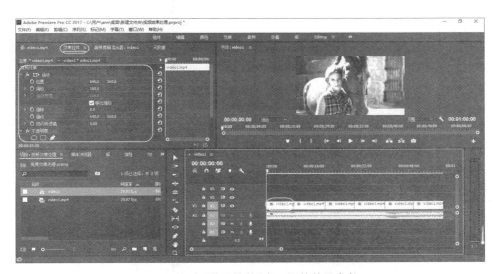

图 5-33　在"效果控件"窗口调整效果参数

三类基本效果。每一类效果中包括一系列基本属性,通过调整这些基本属性值可以改变视频片段的基本效果。例如,改变"运动"→"位置"的 X 和 Y 坐标位置,可以改变视频在画面上的位置;修改"运动"→"缩放"的值,可以改变当前视频画面的大小比例。

步骤 4:如果想要这些属性值随时间的变化而变化,形成动态变化的效果,就需要为视频"切换动画"。单击需要编辑的视频片段一,在"效果控件"窗口的"运动"→"位置"属性前面单击"切换动画"按钮,可以为该段视频片段设置一个画面位置变化的动画。动画的设计需要提供两个关键帧,在单击"切换动画"按钮时,在当前播放指示器的位置会被插入第一个关键帧,这是动画的开始画面,此时,可以调整位置属性值,如把 X 坐标的值调小,即意味着画面的位置在舞台的左方。将播放指示器移动到动画结束的时间点,单击"位置"属性后方的"添加/移除关键帧"按钮,可以在当前播放指示器的位置再添加一个关键帧画面,调整此画面的位置属性值,例如把 X 轴坐标值调大,即意味着画面的位置在舞台的右方。具体设置过程如图 5-34~图 5-36 所示。

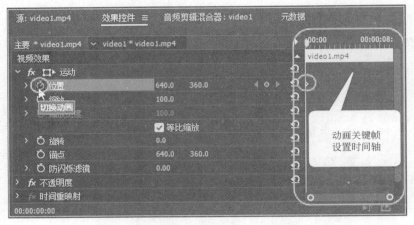

图 5-34　手工设置"位置"关键帧动画

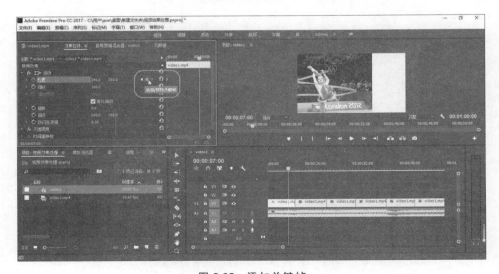

图 5-35　添加关键帧

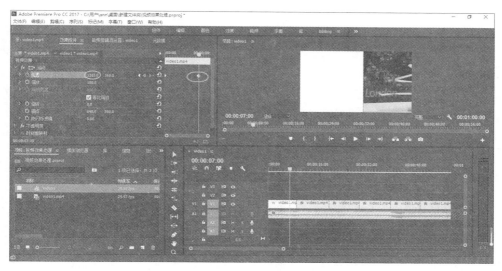

图 5-36　设置关键帧的位置取值

　　动画的起始关键帧和结束关键帧的画面"位置"值不同,意味着计算机会为这段视频补间出中间画面缓缓从左向右运动的运动动画效果。这种方式就是用手工方法制作视频动画效果的方式。

　　步骤 5:在实验要求中,片段二的画面要求从小到大动态变化,也是使用如上方法,对"缩放"属性进行"切换动画",计算机会通过计算完成画面从小到大的动画效果。具体过程在此不赘述。实现后的"缩放"关键帧动画"效果控件"设置如图 5-37 所示。

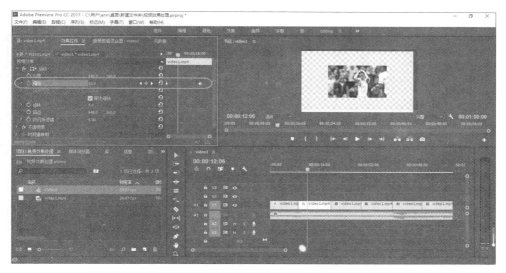

图 5-37　设置"缩放"关键帧动画的效果控件

　　步骤 6:当然,Adobe Premiere Pro CC 2017 还会提供许多便捷的"预设"效果和"效果库",可以轻松地完成视频效果的添加。对于本实验的第三段视频,需要将它处理为

"扭曲旋转"着消失。如果用手工方法添加,需要对"缩放""位置""放置""不透明度"等多个属性进行动画设置,非常麻烦。但是,在工作界面左下角的"效果"→"预设"中存储着许多已经被设计好的视频效果,可以单击"预设"的名称,将它拖动到视频片段三上,此时,视频片段三上就已被添加了"扭曲出点"这个预设效果了。在"效果控件"窗口中也可以看到这个效果的详细信息。想要删除这个效果时,只需在"效果控件"窗口中单击该效果,按 Delete 键即可,具体设置如图 5-38 所示,完成后的效果如图 5-39 所示。

图 5-38 使用"扭曲出点"预设动画

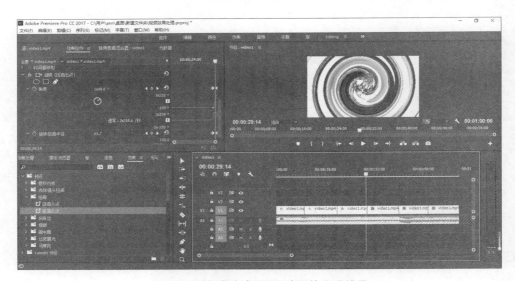

图 5-39 "扭曲出点"预设动画的实现结果

步骤 7:除了"预设"以外,Adobe Premiere Pro CC 2017 还提供了"视频效果"库,列表中的效果都可以直接拖曳到视频片段上使用。如需修改具体属性值,可以在"效果控件"窗口中修改取值。例如,本实验要求将视频片段四上添加一个"镜头光晕"效果,只需在"视频效果"列表中选择"生成"→"镜头光晕",直接拖曳到片段四上,效果即添加上,如图 5-40 所示。

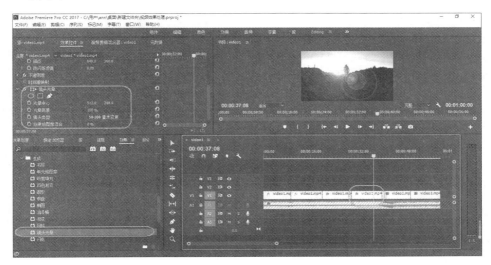

图 5-40　生成镜头光晕

步骤 8:在实验要求中,要求片段五和六同时显示在节目窗口中,这就要求两个片段占用两个视频轨道叠放。且为上层的视频片段添加一个预设的"画中画"效果。本实验选择的是"画中画"→"25%画中画"→"25% LL"→"按比例放大至完全",如图 5-41 所示。

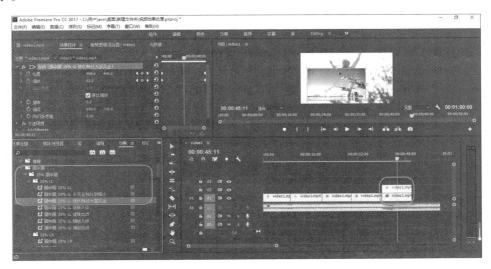

图 5-41　画中画效果

步骤 9:综合使用"手工""预设""效果库"方式,可以对视频进行多种效果处理,在一个片段上,多种效果还可以叠加。在非线性编辑软件中,通过视频效果的添加可以得到实际拍摄时得不到的视频效果。最后,将音频轨道 A1 解锁,调整音频时长,最终将序列导出为 MP4 文件格式。完成的序列时间轴如图 5-42 所示。

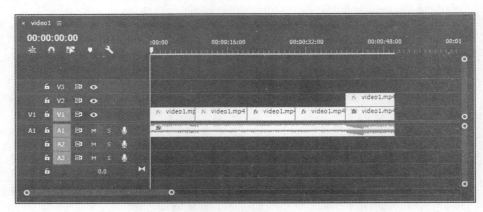

图 5-42　完成的序列

实验 5-5　抠像(键控)技术应用

(1)实验要求。

利用素材文件夹"实验 5-5"中的"仙鹤"与"航拍山峦"两段视频素材(图 5-43),完成仙鹤在山间飞行的视频特效及合成处理。最终导出为 MP4 格式的文件。

(2)实验目的。

掌握绿屏或蓝屏抠像的基本方法,比较不同抠像算法的效果。

实验 5-5　抠像(键控)技术应用

(a)　　　　　　　　　　　　　(b)

图 5-43　抠像技术应用及效果

(3)预备知识。

抠像是一种非线性编辑视频特效,英文称作 Key,经常被翻译为"键"或"键控"。它的作用是吸取画面中的某一种颜色作为透明色,将它从画面中抠去,从而使背景透出来,形成两层画面的叠加合成。这样在室内拍摄的人物经抠像后与各种景物叠加在一起,形成神奇的艺术效果。图 5-44 所示的天气预报主播画面与卫星云图画面的合成,就应用了人物抠像的效果。

图 5-44　视频抠像后的合成效果示例

选择抠除色彩范围的时候,只要是一种比较纯,并且区别于人像各部位的颜色,都能用来抠像。经常使用绿屏抠像和蓝屏抠像,其实只是一种习惯,例如欧美国家多使用绿屏抠像,因为很多人的眼睛是蓝色的。

(4) 实验步骤。

步骤 1:启动 Adobe Premiere Pro CC 2017 新建一个项目。把视频素材导入至项目窗口。将"航拍山峦"视频素材拖放到时间轴序列的 V1 轨道上,将"仙鹤"视频素材拖放到 V2 轨道上。此时发现,上层轨道的画面会将下层轨道的画面完全遮挡住。这与"图层"叠放的概念是一样的。具体操作如图 5-45 所示。

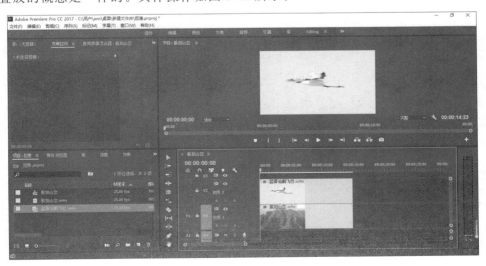

图 5-45　新建项目、导入素材并装配时间轴

步骤 2：仙鹤飞行的视频具有纯色蓝屏背景，意味着可以利用"抠像"技术将视频背景进行效果处理，在视频片段中去掉某种特定的颜色值的像素，使它们变为透明。从而使两层视频轨道自然地叠放。

步骤 3：在"效果"窗口中选择"视频效果"→"键控"→"颜色键"，将它拖曳到 V2 轨道的仙鹤视频片段上。在"效果控件"窗口中会看到这个效果的具体属性设置选项，如图 5-46 所示。

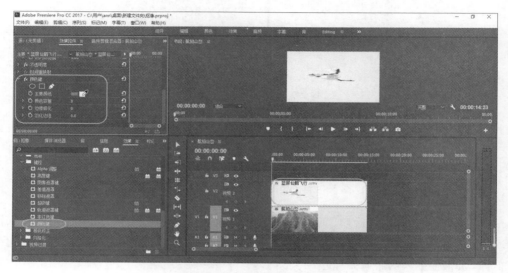

图 5-46 使用"颜色键"效果

步骤 4：使用"颜色键"效果下的"吸管"工具，在节目窗口中吸取蓝色背景的像素颜色信息，调整"颜色容差"和"边缘细化"等属性值，尽可能去除蓝色背景，保留仙鹤主体。具体设置如图 5-47 所示。

图 5-47 颜色键抠像的结果

步骤 5：此时，"颜色键"的处理结果还有许多不足之处。可以再试一下更高级的抠像算法。在"效果控件"窗口中选择"fx 颜色键"，将其删除（按 Delete 键即可删除选中的效果），而后，在时间轴上选择蓝色背景仙鹤的片段，为其添加"抠像"→"超级键"视频效果，在"超级键"效果的参数中使用吸管工具设置"主要颜色"的颜色值，此时背景就一键去除，效果比"颜色键"要好很多。具体设置如图 5-48 所示。

图 5-48　使用"超级键"效果

步骤 6：使用这种"抠像"（或称"去背""键控"）技术，使得视频素材的叠放具有了自然的融合效果。在影视制作过程中，一些无法实际拍摄出来的场景可以在纯色背景的影棚中拍摄，再与场景进行叠加，从而得到奇幻的视频效果，这是当前应用非常普遍的视频特效技术。

实验 5-6　区域遮罩

（1）实验要求。

对素材文件夹"实验 5-6"中视频素材的区域 1 和区域 2 进行有效遮挡，区域 1 和区域 2 标注于图 5-49 所示的位置，完成后的视频导出为 MP4 格式。

（2）实验目的。

实验 5-6　区域遮罩

了解多种区域遮罩技术；掌握"颜色遮罩""马赛克""蒙版""中间值"等多种遮罩的实现方法。

（3）实验步骤。

步骤 1：启动 Adobe Premiere Pro CC 2017，新建一个项目。把视频素材导入项目窗口，并使用此素材创建一个新的项目序列。具体效果如图 5-50 所示。

步骤 2：在项目窗口中确定出区域 1 的播放时区，需要使用"添加标记"的方法。通过拖动播放指示器并单帧跳转的方法，精确选中区域 1 的起始时间点和结束时间点，并

图 5-49　素材中需遮罩的区域示意

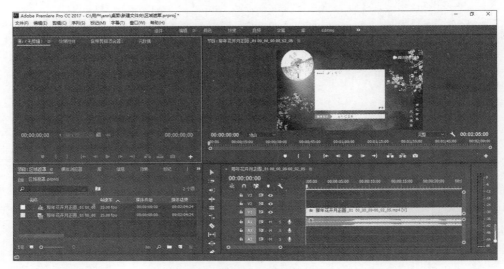

图 5-50　新建项目并创建序列

单击"添加标记",记录下标记点,具体设置如图 5-51 所示。如果使用一块颜色遮罩来遮罩区域 1,它在视频 V2 轨道上叠放在上方,持续时长与区域 1 的持续时长应是一致的。

步骤 3:在项目窗口中单击右下角的"新建项"按钮,可以打开新建项目列表,新建多种形式的编辑内容。这里需要选择"颜色遮罩"来新建一个遮罩层,用来挡住实验素材中的广告区域,具体设置如图 5-52 所示。

步骤 4:新建颜色遮罩时,通过图 5-53 所示的操作来修改遮罩图层的大小和颜色,得到适当的遮罩素材。

步骤 5:新建的"颜色遮罩"素材会保存在项目窗口中,将其拖曳到视频 V2 轨道上,并调整时长,拖动遮罩的右边框向左缩进时长时,会在到达"标记"点时出现对齐标记,此时松开鼠标,就可以得到精确的时长一致的对位,具体效果如图 5-54 所示。

步骤 6:由于"颜色遮罩"与节目画面大小相同,它完全将 V1 轨道的视频遮挡住了。

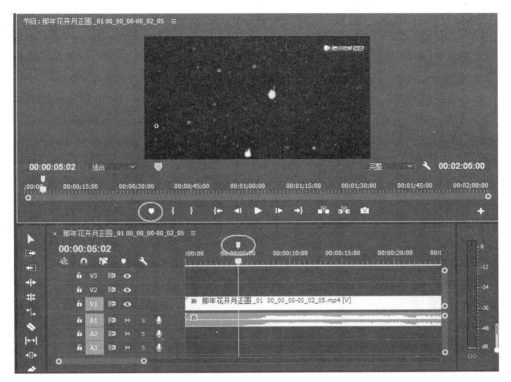

图 5-51　添加标记

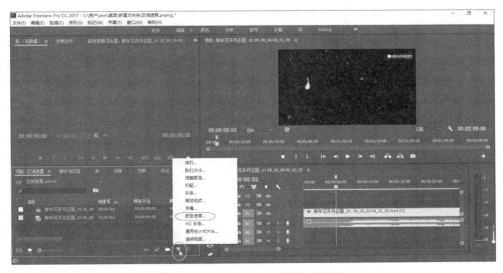

图 5-52　新建项——"颜色遮罩"

通过修改"颜色遮罩"的"效果控件"中"位置"及"缩放"属性的取值,可以将遮罩放在恰当的遮罩位置,具体效果如图 5-55 所示。用同样的方法,区域 2 也可以使用"颜色遮罩"素材遮挡,在此不重复叙述。

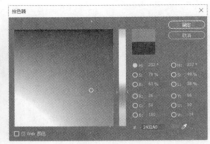

图 5-53　新建颜色遮罩

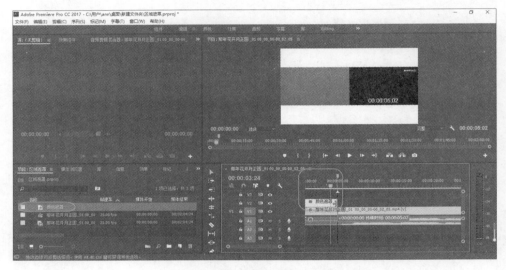

图 5-54　确定颜色遮罩的时长

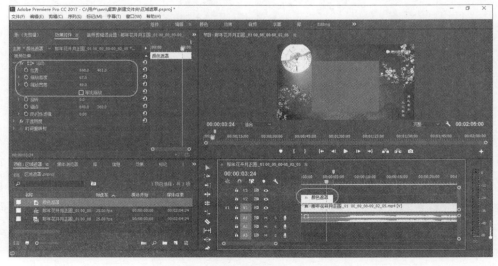

图 5-55　调整颜色遮罩的位置及缩放

步骤7：上述遮罩方法过于简单直接，画面整体被破坏，因此，可以使用像素相似的图片遮挡的方法进行遮罩。在"项目"窗口中双击原始素材，在"源"窗口中拖动播放指示器，快速定位一帧像素颜色与整体画面较一致的静态帧，单击"源"窗口右下角的"导出帧"按钮，将此图片保存在当前项目中，具体操作如图5-56所示。

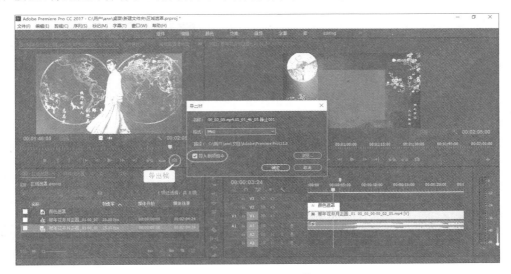

图5-56 导出静态帧

步骤8：把这张图片代替原来的"颜色遮罩"，放在V2轨道上。修改它的"效果控件"中的"位置""缩放"属性值，使其达到遮罩的目的。具体效果如图5-57所示。如果对这一遮罩静态帧使用"视频效果"→"风格化"→"马赛克"效果，可以得到与画面更好的融合遮罩效果，具体效果如图5-58所示。

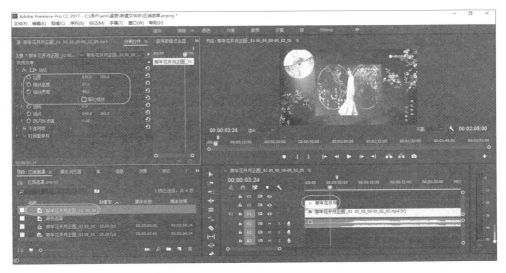

图5-57 为静态帧遮罩添加马赛克效果

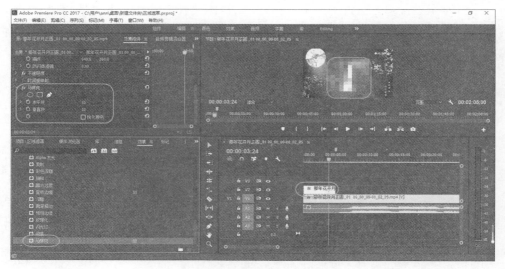

图 5-58　使用"马赛克"特效

步骤 9：区域 2 也可以使用上述方法来遮罩，此遮罩持续时长与整个区域 2 的持续时长一致，才能把这个网站来源 LOGO 从头到尾遮罩住。再者，如果在视频轨道上直接应用马赛克特效（即风格化→马赛克），并为马赛克特效添加蒙版，并调整蒙版位置及大小，为蒙版更改特效参数，也可以获得不错的遮罩效果。

步骤 10：更进一步，在 V1 视频轨道上应用"中间值"特效，（即杂色与颗粒→中间值），并为中间值特效添加蒙版，调整蒙版位置及大小，修改中间值特效的"半径"参数，该遮罩方法对于 LOGO 等较小区域的遮罩效果要好于马赛克特效，图 5-59 所示的区域 2 就使用了"中间值"特效方法，获得了较为自然的效果。完成后，将序列导出为 MP4 格式。

图 5-59　使用"中间值"特效

实验 5-7　马赛克蒙版跟踪

（1）实验要求。

素材文件夹"实验 5-7"中有一段运动员打网球的视频素材，请实现运动员脸部的马赛克跟踪遮挡，素材及处理效果示例如图 5-60 所示。

(a)　　　　　　　　　　　　(b)

(c)　　　　　　　　　　　　(d)

图 5-60　马赛克蒙版跟踪应用及效果

（2）实验目的。

了解跟踪技术；掌握使用蒙版跟踪分析实现动态跟踪的基本方法。

（3）实验步骤。

步骤 1：在 Adobe Premiere Pro CC 2017 中新建一个项目，导入短片素材，这是一段网球运动员运动过程的 6 秒短片。将短片拖曳到时间轴上，为其添加"效果"→"风格化"→"马赛克"，并在"效果控件"窗口中修改马赛克效果的具体参数，效果如图 5-61 所示。

步骤 2：在"效果控件"窗口中为马赛克效果添加蒙版，蒙版有三种类型：椭圆形、四点多边形、自由绘制贝塞尔曲线。根据需要处理的区域决定使用哪种类型，本实验添加了椭圆形蒙版。在节目窗口中将时间轴播放指示器放置到需要遮挡的起始时间，拖动和编辑椭圆形蒙版的位置，使之遮挡人的面部，尽少影响画面的其他部分，效果如图 5-62 所示。

步骤 3：在蒙版设置中有蒙版路径的选项。分别为"向后跟踪所选蒙版 1 个帧""向后跟踪所选蒙版""向前跟踪所选蒙版""向前跟踪所选蒙版 1 个帧"。单击"向前"或"向后"跟踪的按钮，通过图像识别算法的支持，蒙版会跟踪人脸的位置分析出运动的路径，每一帧都将形成一个运动的关键帧，具体操作如图 5-63 所示。

步骤 4：图像识别算法会分析出蒙版的轨迹运动，如果某些时间点的跟踪不正确，可以停止跟踪，重新调整蒙版的位置后继续跟踪分析，向前及向后多次调整分析，即可达到

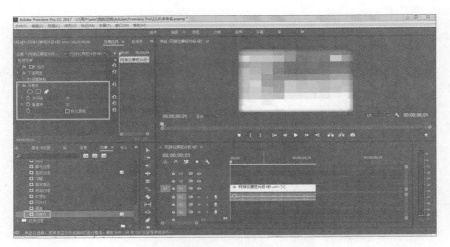

图 5-61　风格化——"马赛克"特效

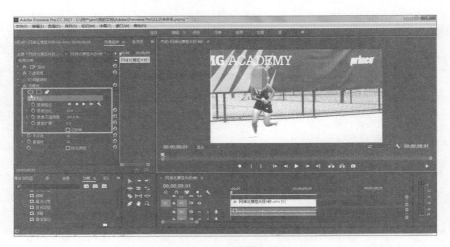

图 5-62　创建椭圆形蒙版

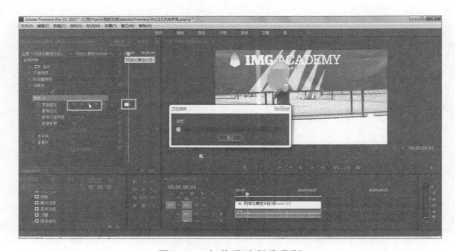

图 5-63　向前跟踪所选蒙版

契合的动态跟踪。完成跟踪分析后,选择"文件"→"导出"命令,将序列导出为 MP4 文件。

实验 5-8　MV 的制作

(1)实验要求。

使用素材文件夹"实验 5-8"中的图像、音乐及歌词文本等,制作《歌唱祖国》的 MV(注:本实验的演示仅完成第一段歌曲的 MV)。请为每句歌词配上不同图片或视频,并为每句歌词配上歌词字幕。最终将 MV 导出为 MP4 格式。

实验 5-8　MV 的制作

(2)预备知识。

MV 即 Music Video,是把对音乐的解读同时用视频画面呈现的一种艺术类型。在创作时,以歌词内容为创作蓝本,追求歌词中所提供的画面意境以及故事情节,并且设置相应的镜头画面。

在制作过程中,建议歌词先铺在音频轨道上,然后让歌词字幕符合歌词音频,这样铺视频的时候,将相关视频对准一句句歌词就很方便了。

音画同步是指音乐与画面的情绪一致,节奏相同。有时还会形成画面、音乐与音响效果三同步。MV 的视频内容与音乐节奏同步。

字幕是影片的重要组成部分,可以起到提示人物、地点、时间等作用,可以作为片头的标题和片尾的滚动字幕。字幕主要分为静态字幕和动态字幕。使用 Adobe Premiere 的字幕功能可以创建专业级字幕。

(3)实验目的。

掌握 Adobe Premiere 中字幕的基本制作方法;掌握音画对位的实现技术。

(4)实验步骤。

步骤 1:启动 Adobe Premiere CC 2017,新建一个项目。把图片素材及《歌唱祖国》的音频素材导入项目窗口,具体效果如图 5-64 所示。

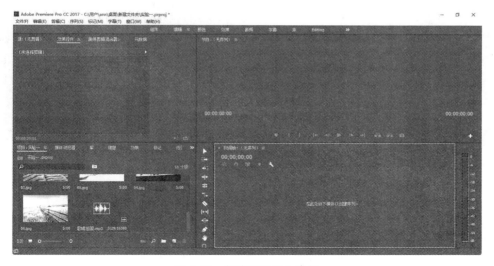

图 5-64　新建项目导入素材

步骤 2：在"素材源"窗口中播放《歌唱祖国》，在每句歌词的起始点使用"设置无编号标记"功能添加标记。并使用"设置入点"及"设置出点"截取第一段歌曲，对音频素材进行预处理的具体操作如图 5-65 所示。

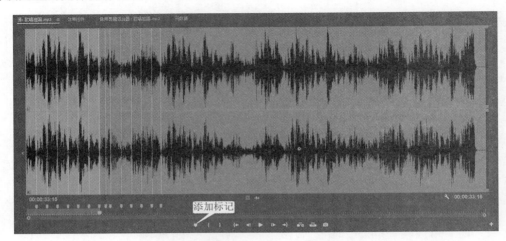

图 5-65　在素材源窗口中为素材添加标记

步骤 3：在"源"窗口中设置好标记，这些标记点预先确定好了每句歌词字幕在时间线上的延续时间。从项目窗口中把歌曲音频拖放到时间轴的 A1 轨道上，发现标记点依旧保留，具体效果如图 5-66 所示。

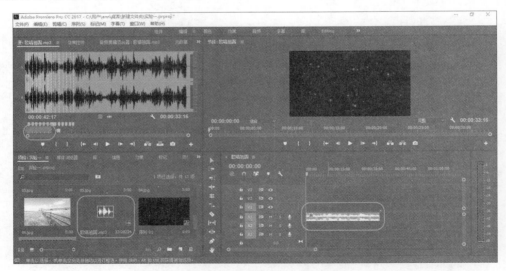

图 5-66　将音频素材装配到时间轴

步骤 4：在视频 V1 轨道上添加图片序列，希望每句歌词都对应不同的画面内容，因此，每幅图片在时间线上延续的时间由标记点来决定。拖动轨道 1 上每幅图片的右边缘，使其与各自的标记点对齐。这样就做到了画面与声音的对应，具体的对位方法如图 5-67 所示。

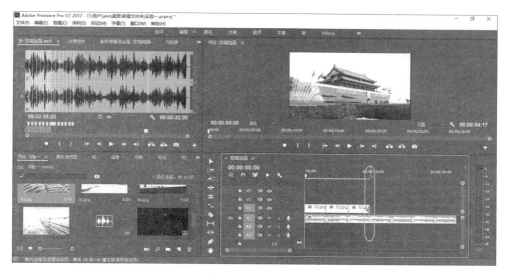

图 5-67　音画对位

步骤 5：使用字幕制作工具创建"片头""片尾"及每句歌词的字幕。在 Adobe Premiere Pro CC 2017 的菜单栏中选择"字幕"→"新建字幕"→"默认静态字幕"命令，如图 5-68 所示。在图 5-69 所示的"新建字幕"窗口中为字幕设置名称及参数。可以把静态片头理解为一个除了静态文字，其他区域均为透明的图片素材。

图 5-68　新建字幕菜单

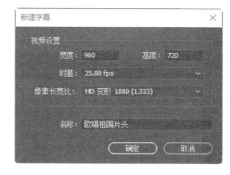

图 5-69　设置字幕参数

步骤 6：在图 5-70 所示的"字幕"编辑窗口中输入片头文字，使用工具箱左上角的"选择工具"，可以移动文字到所需位置，通过调整窗口右侧的各项"字幕属性"编辑字幕。当输入的中文文字出现乱码时,建议将"字体系列"属性值更换为中文字体。另外,如需使用一些内置样式,可以通过字幕编辑窗口下方的"字幕样式"窗口选择某种预设样式并应用。完成字幕编辑后,单击窗口右上角的"关闭"按钮即可,无须单独保存。这时就可以在"项目"窗口中看到已经创建完成的字幕文件。

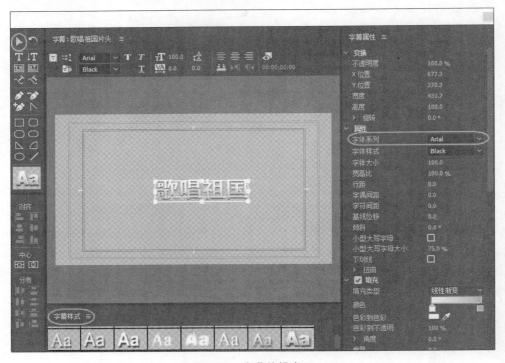

图 5-70　字幕编辑窗口

步骤 7:本实验演示为第一段的 7 句歌词创建歌词字幕。包括:

五星红旗迎风飘扬

胜利歌声多么响亮

歌唱我们亲爱的祖国

从今走向繁荣富强

歌唱我们亲爱的祖国

歌唱我们亲爱的祖国

从今走向繁荣富强

由于其中有两句歌词是重复的,因此只需创建五个字幕文件即可。创建第一句歌词字幕的方法与片头字幕的方法一致。但是,在创建第二句歌词字幕时,如果想让文字保持与第一句相同的样式及位置,就需要单击字幕编辑器中的"基于当前字幕新建字幕"按钮,具体按钮位置如图 5-71 所示,在现有的样式及位置基础上创建其他字幕,这样做可以使多个字幕的创建更加快捷一致。

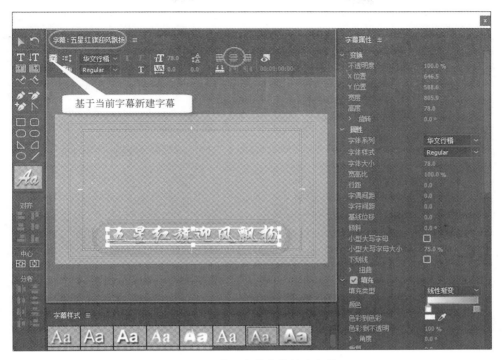

图 5-71　基于当前字幕新建字幕

步骤 8：使用同样的方法共创建 5 个字体样式、位置都一致的歌词字幕。具体效果如图 5-72 所示。

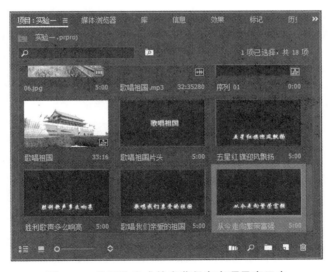

图 5-72　将制作完成的字幕保存在项目窗口中

步骤 9：将片头字幕和歌词字幕拖放到视频 V2 轨道上，每个字幕文件在时间线上延续的时间由标记点来决定，这样就做到了字幕与画面和声音的三者对应。具体对位效果如图 5-73 所示。

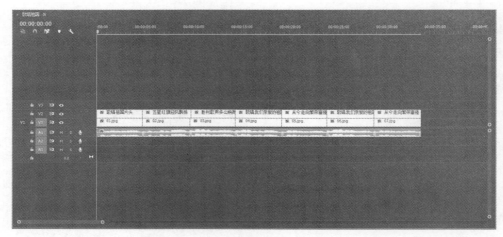

图 5-73　字幕与声音对位

步骤 10：还可以选择菜单中的"字幕"→"新建字幕"→"默认滚动字幕"命令，创建一个片尾字幕，显示制作信息。最后，将完成的片尾字幕文件放置到时间轴的合适位置，具体效果如图 5-74 所示。

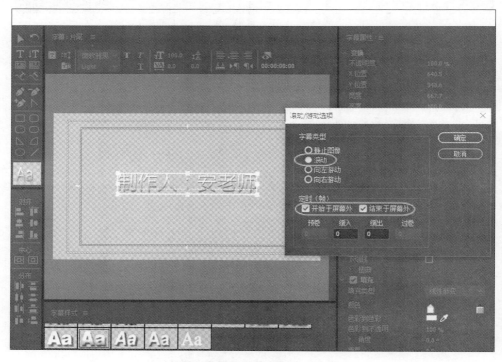

图 5-74　制作片尾滚动字幕

步骤 11：完成以上序列的编辑工作后，在"节目"窗口中查看最终效果，最终的序列如图 5-75 所示。选择"文件"→"导出"→"媒体"命令，将影片导出为 H264 编码的 MP4

格式文件。

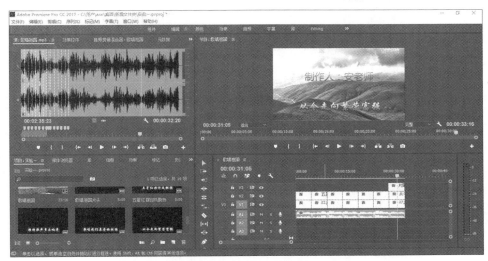

图 5-75　完成后的序列

实验 5-9　国家图书馆宣传短片的制作

（1）实验要求。

利用素材文件夹"实验 5-9"中国家图书馆的相关图片、解说词文字、背景音频等素材，制作一个国家图书馆宣传短片。作品保存为 MP4 格式。具体要求为：短片需有片头（短片名：国家图书馆），含解说词旁白及对位字幕；可搭配合适的背景音乐，片尾有向上滚动的制作人字幕信息。

实验 5-9　国家图书馆宣传短片的制作

此宣传片的解说词音频文件可自行录制，解说词内容如下：

中国国家图书馆是国家总书库、国家书目中心、国家古籍保护中心、国家典籍博物馆。履行国内外图书文献收藏和保护的职责，指导协调全国文献保护工作；为中央和国家领导机关、社会各界及公众提供文献信息和参考咨询服务。

（2）实验目的。

掌握视频非线性编辑技术的综合应用；熟悉多媒体短片制作的基本技术元素及流程。

（3）实验步骤。

注：本实验在制作多媒体短片之前，可以使用 Adobe Audition 录制宣传片解说词的音频文件，进行必要的音频处理，而后作为素材导入到 Adobe Premiere 中，具体过程不赘述。

步骤 1：在 Adobe Premiere Pro CC 2017 的启动界面上选择"新建项目"，打开图 5-76 所示的"新建项目"窗口。为项目设置名称及项目文件的存储位置。单击"确定"按钮，即可打开这个新建项目的编辑界面，如图 5-77 所示。

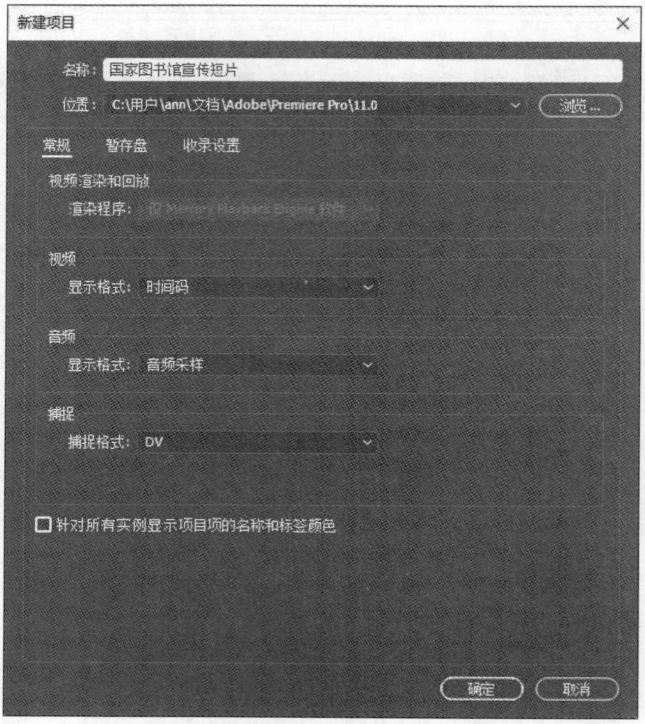

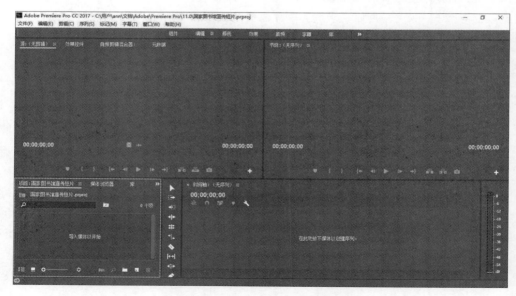

图 5-76　"新建项目"窗口

图 5-77　Premiere 项目编辑界面

　　步骤 2：在菜单栏中选择"文件"→"新建"→"序列"命令，开始一个"序列 01"的非线性编辑工作。新建序列时，需要设置此序列的参数。设置的方式有两种，可以从"序列预设"选项卡中的多种预设中选择与需求相符的预设,如图 5-78 所示,也可以在"设置"选项卡中手工设置各项参数,如图 5-79 所示。在"轨道"选项卡中,可以在现有的三条视频轨道和三条音频轨道之外添加更多轨道。本实例选择了 DV-PAL 预设中的"标准 48kHz",这个序列的视频部分帧大小为 720 像素高,576 像素宽,标准的 4：3 宽高比,帧速率为 25 帧/秒。音频部分为立体声,采样率为 48kHz。

图 5-78　Premiere 新建序列的序列预设窗口

步骤 3：选择好序列的各项参数后,单击"确定"按钮,打开"序列 01"的编辑界面,如图 5-80 所示。这个编辑界面上默认打开了 4 个窗口。在"项目"窗口中可以导入和管理素材;在"源"查看窗口可以查看和处理素材;在"时间轴"窗口可以装配图片、视频及音频素材;在"节目"查看窗口可以查看最终效果。

步骤 4：在菜单栏中选择"导入"命令,将短片制作需要的图片及音频素材导入项目窗口。图 5-81 所示是导入时选择的素材,图 5-82 所示则是导入完成后的项目窗口。在"项目"窗口的当前项目选项卡下已经导入的多个素材可以在"列表视图"和"图标视图"两种视图中查看。

步骤 5：录制好解说词的音频文件声音要与将来的字幕对位准确,也就是听到什么内容时,画面上就能够对应出现相应的字幕,这种对位工作,在 Premiere 中是用添加标记

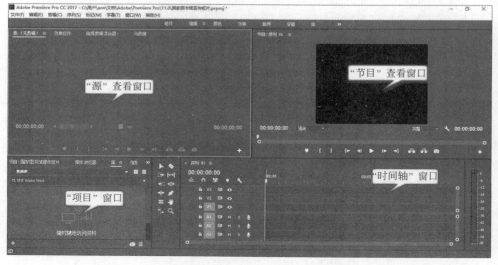

图 5-79　Premiere 新建序列的参数设置窗口

图 5-80　Premiere 的序列编辑界面

图 5-81　导入素材

图 5-82　导入素材后的项目窗口

点的方法实现的，如图 5-83 所示。具体方法是将解说词音频文件拖动到"源"窗口中，能够查看具体的波形图像。单击"源"窗口下方的"播放"按钮，仔细分辨一句字幕与另一句字幕之间的断点，当每个断点出现时，单击一次"添加标记"按钮，这些标记点就会被依次记录下来，方便下一步进行画面、字幕与声音的对位处理。

图 5-83　对音频素材进行添加标记处理

步骤 6：完成音频素材的添加标记工作后，单击"插入"按钮，将音频素材插入到音频轨道，标记点也同步跟随。然后，把图片素材装配到视频 1 轨道上，如果素材图片的大小与视频帧画面的大小不符，可以右击视频轨道上的图片，选择"缩放为帧大小"命令。接下来，可通过拖动每个图片的左右边框，将其时长对位到音频素材的标记点上，每当对位成功时，会有一条黑色实线出现，此时即完成对位。这样操作完成后，短片能够实现一句解说词声音对应一幅画面的播放效果，较符合人的眼睛和耳朵同步接收信息的方式，如图 5-84 所示。

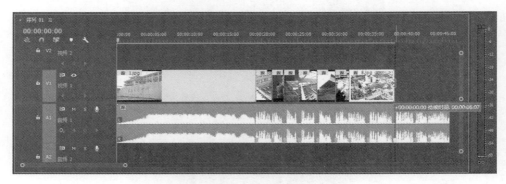

图 5-84　在时间轴上完成音画对位

步骤 7：为短片增加片头、旁白字幕及片尾的工作都需要 Premiere 的字幕编辑功能来实现。在菜单栏中选择"字幕"→"新建字幕"命令，可以创建"静态字幕""滚动字幕""游动字幕"三种形式的字幕。其中，滚动字幕的运动方向是垂直方向，而游动字幕的运动方向是水平方向。

步骤 8：在图 5-85 所示"新建字幕"窗口中选择视频参数并设置字幕文件的名称后，即可打开字幕编辑窗口，如图 5-86 所示。在字幕编辑窗口中会默认打开时间轴上当前播放位置的帧画面作为背景视频（也可以关闭背景视频，则背景显示为透明网格形式）。

图 5-85　新建静态字幕设置窗口

图 5-86　字幕编辑窗口

步骤 9：在左边的工具栏中选择"文字工具"，在字幕编辑窗口中输入文字，修改右边的各项字幕属性，或者选择下方的"字幕样式"中已经预置的样式类型，即可得到需要的字幕外观。使用工具栏中的其他多种工具，也可以得到多种不同形式的字幕形式。创建解说词字幕时，如果希望每一句字幕都具有统一的位置及字幕属性，可以在创建第一句字幕单击"基于当前字幕新建字幕"按钮，在原有的样式及位置基础上创建其他字幕，这样可以更加快捷一致，如图 5-87 所示。

步骤 10：如需创建运动字幕，则可以单击"滚动/游动选项"，通过设置字幕类型以及滚动或游动开始与结束的位置来得到运动的字幕，如图 5-88 所示。

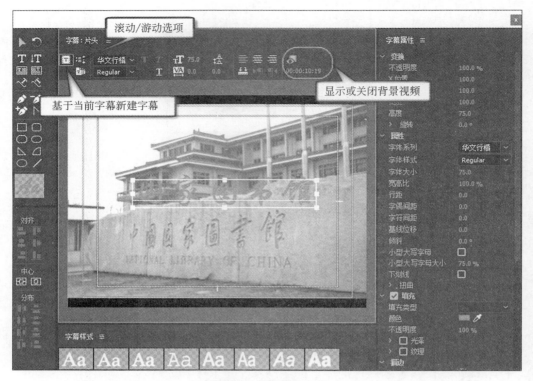

图 5-87 新建静态字幕

图 5-88 设置滚动游动选项

步骤 11：所有字幕文件都创建完成后，在视频轨道 2 上添加字幕，每个字幕文件在时间线上延续的时间由标记点来决定，这样就做到了字幕与画面和声音的三者对应，如图 5-89 所示。

步骤 12：在时间轴中选择全部或部分序列，选择"文件"→"导出"→"媒体"命令，打开图 5-90 所示的"导出设置"窗口，根据需要选择设置参数。最后单击"导出"按钮，输出视频短片。

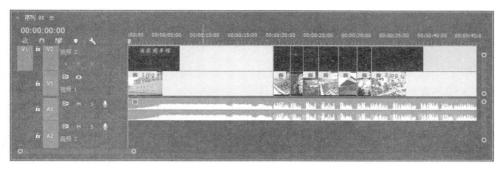

图 5-89 声音、画面、字幕三者对位

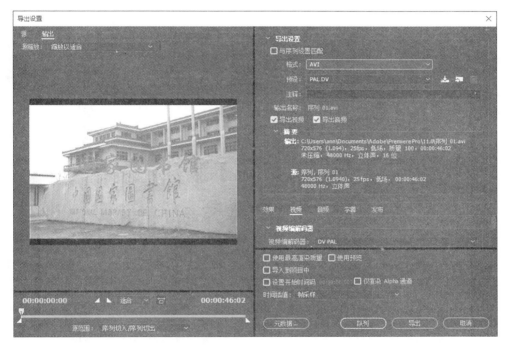

图 5-90 导出视频短片

实验 5-10 AE 的效果与预设

（1）实验要求。

使用素材文件夹"实验 5-10"中的素材以及 Adobe
After Effects 的预设特效对实验 5-9 中的国家图书馆片
头进行改造，使片头具有更好的表现力及吸引力。

（2）实验目的。

了解 Adobe After Effects 创建合成及渲染合成的工

实验 5-10 AE 的效果与预设

作流程；了解 Adobe After Effects 的特效库及其基本使用方法；体会 Adobe After

Effects 与 Adobe Premiere 各自功能的侧重点。

（3）预备知识。

Adobe After Effects 是 Adobe 公司推出的一款图形视频处理软件,简称 AE,属于层类型后期软件。它能够高效且精确地创建引人注目的动态图形和震撼人心的视觉效果。包含数百种预设的效果和动画。

它被广泛应用于数字电影后期制作、片头制作、影视特效、网页动画、广告、多媒体及因特网等领域。Adobe After Effects 的特长有以下两方面:

① 制作片头。

② 添加特效。其中,就包括了许多 Premiere 做不出的特效,例如:文字特效、粒子特效、光效、仿真特效、调色技法及高级特效。

Adobe After Effects 与 Adobe 公司的其他产品具有非常方便的互通性,在导入 Photoshop 和 Illustrator 素材时可以保留层的信息。素材导入 AE 后,具有与 Premiere 的运动特效相同的属性,即定位点、位置、比例、旋转、透明度。也具有与 Premiere 同样的一些"视频特效",即风格化、过渡、生成、模糊、扭曲等。但是,除此之外,它可以制作许多 Premiere 所不具有的特殊效果。Adobe After Effects Pro CC 2017 启动界面如图 5-91 所示。

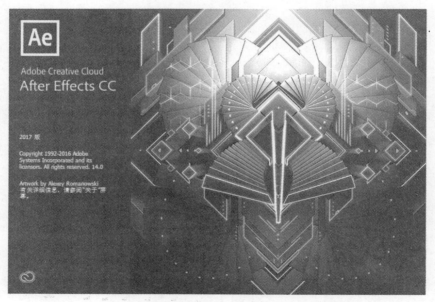

图 5-91　Adobe After Effects Pro CC 2017 启动界面

本实验使用 Adobe After Effects CC 2017 版本完成。启动 After Effects 后,在"开始"窗口中选择"新建项目",即可打开一个"无标题项目.aep",进入这个项目的空白编辑界面。After Effects 右上方横栏上有许多工作区的选择,如"必要项""标准""小屏幕"等,可根据需要选择适当的工作区。本实验选择"必要项"工作区,具体界面如图 5-92 所示。

（4）实验步骤。

步骤 1:启动 Adobe After Effects CC 2017,将工作区设置为"必要项"模式。在左边

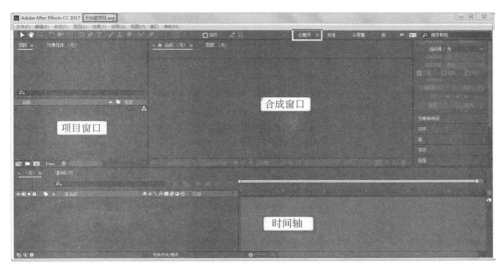

图 5-92　Adobe After Effects CC 2017 主界面

的项目窗口中右击,选择"导入"命令,导入所需素材,如图 5-93 所示。本实验中选择了一张图片和一段背景音乐,借助这些素材完成一个有片头文本出现的简短特效短片,体现 After Effects 中远比 Premiere 多样的预设特效。

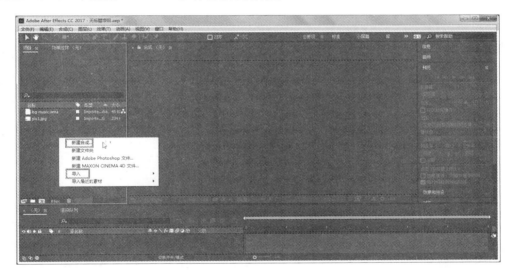

图 5-93　AE 的项目窗口

步骤 2:在项目窗口中选择"新建合成",打开图 5-94 所示的"合成设置"窗口。在此窗口中设置合成名称及合成的基本参数,其中画面宽度及高度像素数、长宽比、像素长宽比及帧速度的具体取值可以自定义,也可以通过"预设"设置。另外,还需事先设置合成的持续时间,After Effects 主要用于细节的润色,这与 PR 的序列编辑是有差异的,因此,After Effects 中的合成一般会非常短。本实验创建的短片片头只设置了 5s 的持续时长。

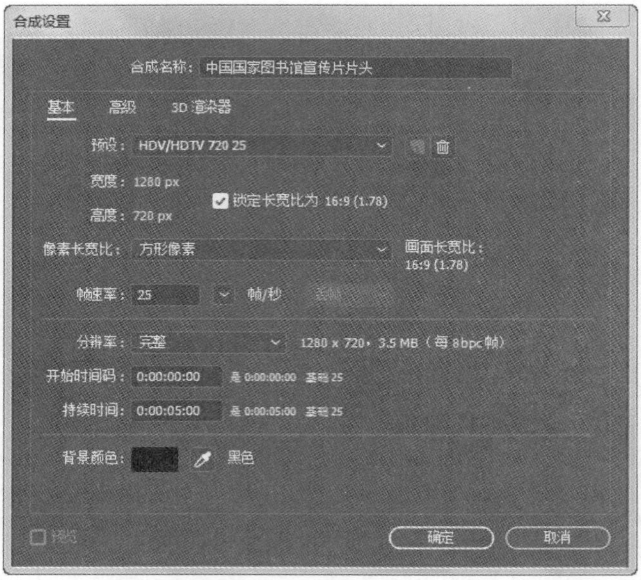

图 5-94　"合成设置"窗口

步骤 3：完成"合成设置"后，单击"确定"按钮，即可打开合成的编辑窗口。一个 5s 的空白时间轴等待处理。在这个时间轴上，可以通过多种形式图层的合成来达到丰富的合成效果。

步骤 4：片名是片头的主要元素，主要由文本构成。在合成窗口中右击，选择"新建文本"命令，具体操作如图 5-95 所示，即可在合成显示窗口中从光标所在位置开始输入片名文本。在右边的"段落"及"字符"面板中可以修改文本的位置及字体等基本属性，使其

图 5-95　新建文本层

达到较好的静态文本效果,具体操作如图 5-96 所示。

图 5-96 输入并修改文本属性

步骤 5:After Effects 中内置了大量的文本动画预设,可以使文本的出现有更丰富的效果。打开工作区右边的"效果和预设"面板,"动画预设"中 Text(文本)文件夹中内置了 3D Text、Animate In 等 17 类文本动画特效,每一类中又包含数十个具体的动画效果名称,如图 5-97 所示。选中需要的效果,将其拖动到文本图层上,即可应用此效果。在右边的"预览"面板中单击播放按钮,即可看到当前文本动画的效果,示例效果如图 5-98 所示。

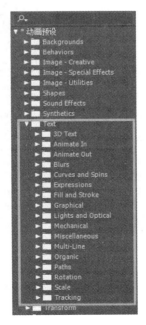

图 5-97 效果与预设→动画预设→Text

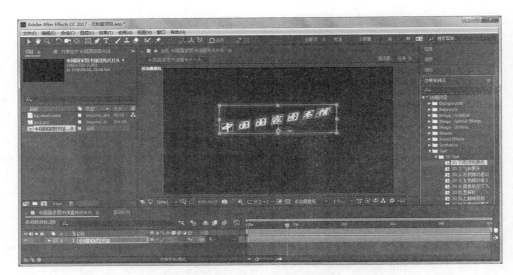

图 5-98　使用文本动画预设

　　步骤 6：为文本片头更换一幅背景图片。将项目窗口中的图片 pic1.jpg 拖动到合成窗口中，放置在文本图层下方。展开 pic1.jpg 图层，通过修改此图层的"变换"属性中的属性值，可以调整图片的位置，缩放大小等。另外，在右边的"效果与预设"面板中也可以选择与图片有关的效果或预设，应用到图片上，使其具有更丰富的效果展示，示例效果如图 5-99 所示。

图 5-99　添加背景图层

　　步骤 7：在"项目窗口"中拖动背景音乐文件 bg-music.wma 至合成窗口，即可为短片搭配背景音乐，具体设置如图 5-100 所示。

图 5-100 添加背景音乐层

步骤 8：至此完成了此合成的创建工作，最后需要将其渲染为一个视频文件。在 After Effects 中可以创建多个合成，分别进行渲染，因此会有一个渲染队列，选择将此合成"添加到渲染队列"，具体设置如图 5-101 所示。

图 5-101 将合成添加到渲染队列

步骤 9：在图 5-102 所示的"渲染队列"窗口中需要选择"输出模块"(即文件格式)、"输出到"(即保存位置)。如果选择默认设置，则文件会以 AVI 未压缩格式输出到当前项目所在的文件夹下。最后，单击"渲染队列"右上角的"渲染"按钮，开启渲染过程。

观察已渲染完成的 AVI 格式的视频文件,会发现这个 5s 的短片文件大小有 330MB 之大,如果将其合成输出为 QuickTime 的 MOV 格式,则文件大小就降为 282MB。两种文件格式的对比信息如图 5-103 所示。

图 5-102　渲染队列及渲染设置

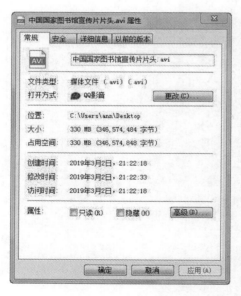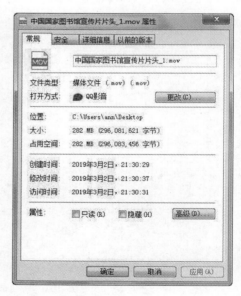

图 5-103　不同渲染格式的文件对比

After Effects 中具有丰富的效果与预设,仅就文字图层来说,其"文字"动画就不仅可以对整体文本块进行动画设置,也可以对单字符、单行文字进行动画设计,因此可以制作出更丰富多样的文字动画。这是 After Effects 的特长之一,是 Premiere 不具有的。

实验 5-11　AE 的三维特效

（1）实验要求。

从素材文件夹"实验 5-11"中选择三幅图片素材，制
作每幅图片各自沿一条空间坐标轴旋转的三维动画特
效，最终文件保存为 MOV 格式。

实验 5-11　AE 的三维特效

（2）实验目的。

了解 After Effects 的三维坐标系及其手工制作运动动画的基本方法。

（3）实验步骤。

步骤 1：在 After Effects 中新建一个项目，并在项目中新建一个合成。选择合成持
续时间为 15s。在项目窗口中导入 3 张图片素材，分别拖放到合成时间线窗口，形成三个
叠放的图层。在时间线上拖动标签的边缘，可以改变时长，分别将三幅图片设置为依次
播放 5s 左右，具体设置如图 5-104 所示。

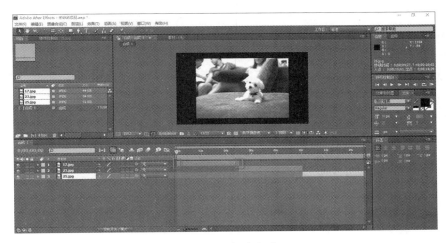

图 5-104　新建合成

步骤 2：展开图 1 的变换属性，开启"3D 图层"属性，此时所有的定位点坐标等参数都
已更改为三维坐标显示，并增加了"X 轴旋转""Y 轴旋转"和"Z 轴转旋"的属性。合成显
示窗口的图片上方出现了三个坐标轴指针，鼠标放置其上时，可以显示三维坐标的指向
（X 向右、Y 向上、Z 向外），具体设置如图 5-105 所示。

步骤 3：为三幅图片分别设置旋转关键帧动画，第一幅沿 X 轴旋转一圈，第二幅沿 Y
轴旋转一圈，第三幅沿 Z 轴旋转一圈，具体设置如图 5-106 所示。

步骤 4：为每一幅图片添加"淡入淡出"特效，可以通过在"效果与预置"窗口中搜索，
得到需要的效果后拖动到图片上即可，具体设置如图 5-107 所示。

步骤 5：选择菜单中的"合成"→"添加到渲染队列"命令，将此合成渲染为 MOV 格式
文件。实验结果示例画面如图 5-108 所示。

图 5-105　开启"3D 图层"属性

图 5-106　为图层添加旋转关键帧动画

图 5-107　为图层添加"淡入淡出"效果

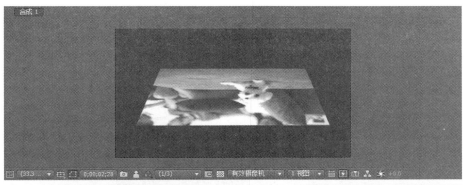

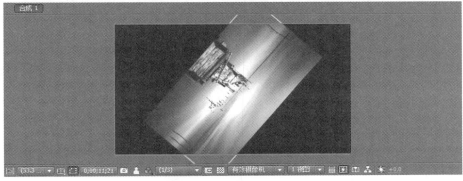

图 5-108　实验结果示例

实验 5-12　AE 的粒子世界

（1）实验要求。

使用 AE 的模拟仿真特效，为素材文件夹"实验 5-12"中的视频片段制作花瓣飘飞的特效，实验示例效果如图 5-109所示。

（2）实验目的。

了解 AE 的模拟仿真特效及基本实现方法。

实验 5-12　AE 的粒子世界

图 5-109　实验结果示例

（3）预备知识。

AE 中的"模拟仿真"特效可以完成许多逼真的仿真效果。AE CC 2017 版本的模拟仿真特效如图 5-110 所示。例如，对一段视频素材添加 CC Rainfall 特效，就可以得到逼真的下雨场景，在"效果控件"中修改特效的各种参数，还可以得到不同速度、风向、雨量的雨。

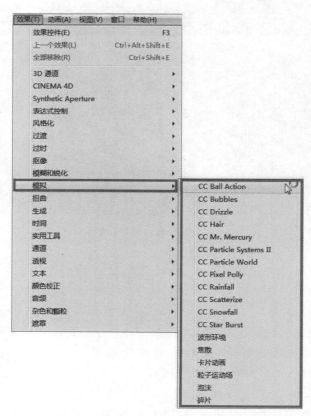

图 5-110　After Effects CC 2017 的模拟仿真特效菜单

　　在这些模拟仿真特效中,"粒子运动场"可以产生大量运动的二维粒子,设置粒子的颜色、形状、产生方式等,可以制作出需要的运动效果。它的简单使用方式如图 5-111所示。

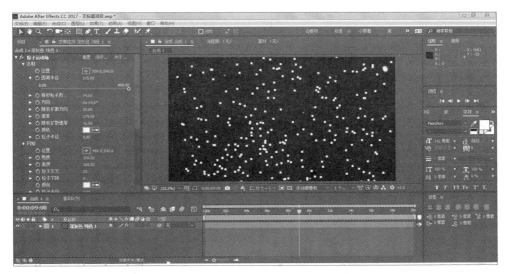

图 5-111　粒子运动场特效的基本使用方法

　　再例如,CC Particle Systems Ⅱ是一种二维粒子运动系统,此特效可以产生大量运动的二维粒子,通过设置粒子的颜色、形状、产生方式等,可以制作出需要的运动效果。

　　而 CC Particle World 是一个三维粒子特效,此特效可以产生大量运动的三维粒子,通过设置粒子的颜色、形状、产生方式等,制作出需要的运动效果。After Effects CC 2017 中内置的几种模拟仿真效果示例如图 5-112 所示。

图 5-112　**After Effects CC 2017 的几种模拟仿真特效示例图**

　　After Effects CC 2017 中已经内置了许多模拟仿真效果,此外,还有许多扩展插件产品,可以丰富 After Effects 的模拟仿真效果。例如,Trapcode Particular 是 RED GIANT(红巨星)出品的基于 Adobe After Effects 的 3D 粒子系统,它可以产生各种各样的自然效果,像烟、火、闪光。也可以产生有机的和高科技风格的图形效果,对于运动的图形设计是非常有用的。将其他层作为贴图,使用不同参数,可以进行无止境的独特设计。After Effects 插件的安装位置一般为 X:\Program Files\Adobe\Adobe After Effects CC 2017\Support Files\Plug-ins。感兴趣有同学也可以下载并安装 Trapcode Particular 插件来完成此实验。本实验演示是基本 After Effects 内置的模拟仿真特效 CC Particle

World"来完成的。

另外，为了完成花瓣飘飞的效果，需要预先准备背景透明的花瓣图片，如图 5-113 所示。利用这一片花瓣做素材，可以制作出无数片形态各异的花瓣飘飞特效。

图 5-113　花瓣素材

（4）实验步骤。

步骤 1：启动 After Effects CC 2017，新建一个项目，导入视频素材及花瓣图片素材。在"项目"窗口中新建一个合成，将视频素材直接拖动到时间轴，快速建立一个新的合成，合成的名称与视频素材名称一样，此合成的时长和尺寸也与视频素材一致，具体操作如图 5-114 所示。

图 5-114　导入素材并新建合成

步骤 2：在视频素材图层上方新建一个"纯色"图层，用来制作花瓣飘飞的效果。具体操作如图 5-115 所示。

步骤 3：选择"纯色"层，在"效果与预设"面板中选择"模拟"→CC Particle World 效果，将其拖动添加到纯色层上。此时在"预览"窗口中单击"播放"按钮，可以看到默认的粒子效果，发射点在中间，向外发射粒子，粒子受重力影响向下掉落。此时，在"效果控件"窗口中可以看到 CC Particle World 的参数大类，窗口信息如图 5-116 所示，具体参数包括：

① Grid & Guides（网格与参考线）：设置网格与参考线的各项数值。

② Birth Rate（出生率）：设置粒子产生的数量。

③ Longevity（寿命）：设置粒子的存活时间，其单位为秒。

④ Producer（发生器）：设置粒子产生的位置及范围。

⑤ Physics（物理性质）：主要用于设置粒子的运动效果。

· Animation（动画）：右侧的下拉列表中可以选择粒子的运动方式。

图 5-115　新建"纯色"层

图 5-116　为"纯色"层添加"模拟—CC Particle World"效果

- Velocity(速度)：设置粒子的发射速度。数值越大,粒子就飞散得越高越远;反之,粒子就飞散得越低越近。
- Inherity Velocity(继承的速率)：控制子粒子从主粒子继承的速率大小。
- Gravity(重力)：为粒子添加重力。当数值为负数时,粒子就向上运动。
- Resistance(阻力)：设置粒子产生时的阻力。数值越大,粒子发射的速度就越小。
- Extra(追加)：设置粒子的扭曲程度。只有在 Animation(动画)的粒子方式不是 Explosive(爆炸)时,Extra(追加)和 Extra Angel(追加角度)才可以使用。
- Extra Angel(追加角度)：设置粒子的旋转角度。

⑥ Particle(粒子)：主要用于设置粒子的纹理、形状以及颜色等。
* Particle Type(粒子类型)：在右侧的下拉列表中可以选择其中一种类型作为要产生的粒子的类型。
* Texture(纹理)：设置粒子的材质贴图。该项只有当 Particle Type(粒子类型)为纹理时才可以使用。
* Max Opacity(最大不透明度)：设置粒子的不透明度。
* Color Map(颜色贴图)：在右侧的下拉列表中可以选择粒子贴图的类型。
* Birth Color(产生颜色)：设置刚产生的粒子的颜色。
* Death Color(死亡颜色)：设置即将死亡的粒子的颜色。
* Volume Shade(体积阴影)：设置粒子的阴影。
* Transfer Mode(叠加模式)：设置粒子之间的叠加模式。

步骤 4：为了将粒子变为花瓣，需要在"项目"窗口中导入事先制作好的背景透明的一片花瓣图像，并将其拖曳到"纯色"层上方。这片花瓣不是为了显示在合成窗口中，而仅仅是作为 CC Particle World 效果的粒子来使用。因此，需要隐藏花瓣图层，具体操作如图 5-117 所示。

图 5-117　添加花瓣图层

步骤 5：此时，需要在粒子所在的纯色层上修改"效果控件"窗口中 CC Particle World 效果器的各项参数，获得不同的粒子效果。其中需要修改的参数包括：
* Paticle Type(粒子类型)：Textured QuadPolygon(有纹理的多边形)。
* Texture(纹理)：花瓣所在的图层。

然后，修改发射器类型、发射器尺寸、粒子尺寸、粒子随机旋转、粒子不透明随机、物理学重力等参数，将效果调整为模拟真实花瓣下落的状态，示例操作如图 5-118 所示。

步骤 6：最后，在"文件"菜单中选择"导出"→"添加到渲染队列"，选择渲染格式及输出位置，即可将结果导出，具体操作如图 5-119 所示。

图 5-118 通过调整效果参数获得更真实模拟效果

图 5-119 添加到渲染队列

实验 5-13 AE 的跟踪技术

（1）实验要求。

素材文件夹"实验 5-13"中有两个视频素材，其中素材 1
包含运动中的屏幕画面，要求用素材 2 的画面替换此屏幕上的
内容。最终结果保存为 MOV 格式。实验素材及示例效果如
图 5-120 所示。

（2）实验目的。

实验 5-13 AE 的跟踪技术

了解 After Effects 的跟踪技术；掌握 After Effects 中实现运动跟踪的基本方法。

(a) 素材1

(b) 素材2

(c) 实验结果示例

图 5-120　AE 的跟踪技术应用及效果

（3）预备知识。

跟踪技术就是对画面上的内容进行跟随操作。在 AE 中，可以使用跟踪器实现点跟踪和镜头跟踪。

点跟踪：先选择画面上的一个特征区域（跟踪点），由计算机自动地分析在一系列图像上这个特征区随时间推进发生位置变化，从而得到跟踪区域的位置数据（2D）。点跟踪分为三种：一点跟踪、两点跟踪还有四点跟踪。对于一点跟踪，在 AE 中可以选择跟踪点，放置到被追踪的图像上，跟踪者会有两个方框，内框是搜索区域，外框是确定和特征区有明确差异的区域的大小，它们都有四个控制点，可以调节大小，跟踪点跟踪完成后将以路径方式呈现。

镜头跟踪：将一些 CG 的东西加入到镜头中，但是镜头又不是固定的，就需要镜头跟踪。镜头跟踪也叫摄像机反求，就是通过软件把摄像机的数据（推拉摇移）反求出来，通过这些数据给镜头改天换地。例如跟踪摄像机、变形稳定器及稳定运动等跟踪器。

（4）实验步骤。

步骤 1：启动 After Effects，新建项目，导入素材后，将素材 1 拖动到时间轴上，直接建立一个与素材同名的合成，具体操作如图 5-121 所示。

步骤 2：素材 1 上屏幕的画面是一个运动的带有透视效果的四边形区域，如果需要跟踪这个区域，需要建立一个类型为"透视边角定位"的跟踪。选择素材 1 图层，在 AE 右边的"跟踪器"面板中选择"跟踪运动"，并将跟踪类型设置为"透视边角定位"，具体设置如图 5-122 所示。

步骤 3：在合成显示窗口中，当前图层的上方会出现 4 个跟踪点。将这 4 个边角定位点分别定位到屏幕区域的四个角，移动时合理使用工具栏中的"缩放""抓手"及"选取"工具，按顺序拖动每个跟踪点的内框特征区域（注：内框为特征区域，外框为搜索区域）到定位点，如图 5-123 所示，注意跟踪点的顺序不能打乱。完成透视边角定位的 4 个跟踪点如

图 5-121　新建合成

图 5-122　添加跟踪运动的跟踪器

图 5-123　定位跟踪点

图 5-124 所示。

图 5-124　4 个跟踪点透视边角定位完成

步骤 4：然后单击跟踪器面板中的分析按钮，向前或向或分析每一个定位点的运动轨迹，素材 1 的图层上会显示出分析得到的轨迹信息，具体效果如图 5-125 所示。

图 5-125　分析跟踪点轨迹

步骤 5：完成分析后，需要用一个新的视频片段作为跟踪目标去跟踪已得到的轨迹。拖动素材 2 到图层上方，作为跟踪目标图层，具体操作如图 5-126 所示。

步骤 6：在素材 1 图层上选中跟踪器 1，将运动目标设置为叠放在上方的素材 2。单击跟踪器的"应用"按钮，具体操作如图 5-127 所示。完成屏幕区域动态跟踪替换的实现后，效果如图 5-128 所示。

图 5-126　建立跟踪目标图层

图 5-127　应用跟踪器到跟踪目标

图 5-128　完成画面替换

实验 5-14　AE 的音频频谱效果

（1）实验要求。

在素材文件夹"实验 5-14"中选取一段音乐素材，生成它的音频频谱可视化视频效果，可参照结果示例，如图 5-129 所示。请在最终结果上添加一个文字层，注明学生姓名信息。提交 MP4 格式的最终作品。

实验 5-14　AE 的音频频谱效果

图 5-129　实验结果示例

（2）实验目的。

了解 After Effects 中生成类特效的基本实现方法。

（3）实验步骤。

步骤 1：新建一个 After Effects 项目，并在项目窗口中导入所需的音乐文件素材。将音乐文件拖动至时间轴，自动形成一个相应长度的合成，具体操作如图 5-130 所示。

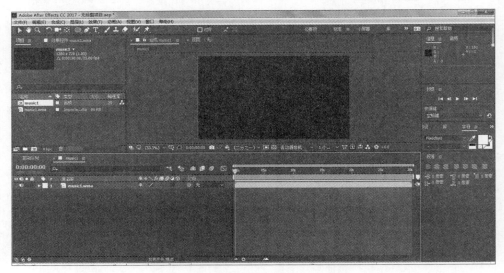

图 5-130　新建合成

步骤 2：新建一个纯色层，用来承载音乐频谱信息。在此纯色层上添加一个"生成"→"音频频谱"效果，具体操作如图 5-131 所示。

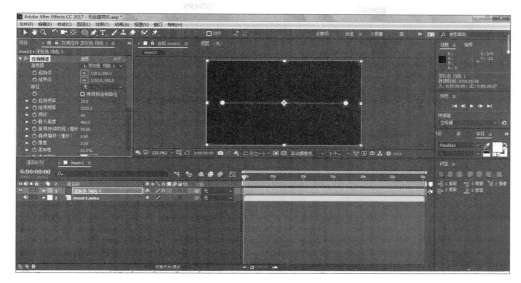

图 5-131 为新建的纯色层添加音频频谱效果

步骤 3：在图 5-132 所示工作区左上角的"效果控件"窗口中修改音频频谱 fx 的各项参数。首先，需要将"音频层"参数修改为需要绑定的音乐文件，这样频谱图形才能依据音乐文件自身的实际频谱进行播放。

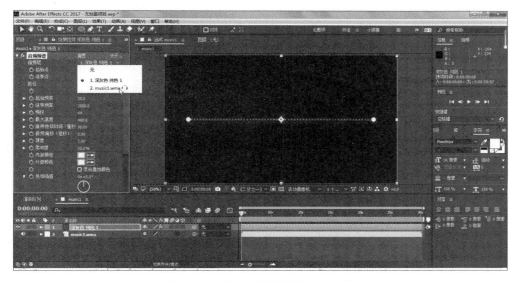

图 5-132 修改音频频谱效果的参数

步骤 4：通过修改各项参数，将音频频谱显示状态调整为需要的样子。如调整频谱最大高度、厚度、色相插值等，如图 5-133 所示。

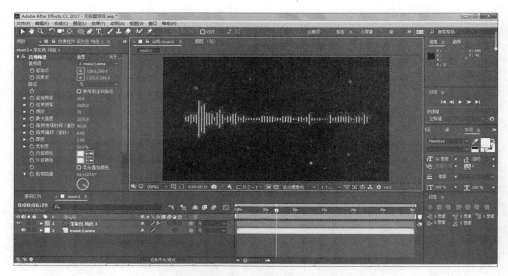

图 5-133　修改后的音频频谱图形

步骤 5：可以看到"路径"参数取值为"无"，因此音频频谱显示为默认的直线形状，如需改变路径形状，需对当前的纯色层添加一个蒙版（选中当前的纯色层，在左上方的工具栏中任意选择一个"形状工具"，在纯色层上绘制一个形状蒙版，并将蒙版的运算方式由"相加"改为"无"），具体设置如图 5-134 所示。

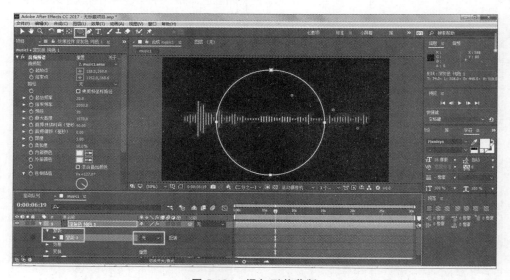

图 5-134　添加形状蒙版

步骤 6：此时，只需将纯色层效果控件中的"音频频谱"→"路径"参数值修改为刚刚建立的蒙版，音频频谱就会按照蒙版中定义的路径显示。按要求添加文字层，输入该音频文件的名称，即可选择"导出"，将合成添加到渲染队列，渲染完成后，可使用转码工具将结果转换为 MP4 格式，实验结果示例如图 5-135 所示。

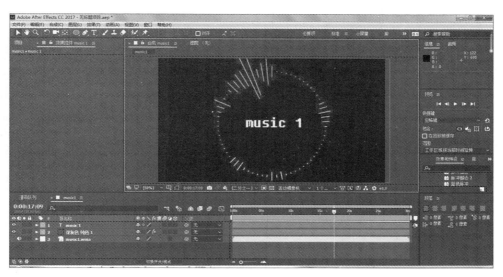

图 5-135　实验结果示例

实验 5-15　其他视频编辑软件应用

（1）预备知识。

Camtasia Studio 是一套专业的屏幕录像和后期编辑软件，它支持在多种显示模式下录制屏幕图像、鼠标操作并同步进行音频录制。录制完成后可以使用 Camtasia Studio 内置的视频编辑功能，对视频进行剪辑、修改、解码转换、添加特殊效果等操作。Camtasia Studio 非常适合快速而流畅地制作交互式视频教程。

（2）实验要求。

请从本课程的所有章节中任意选择一个实验，制作一个交互式视频教程。具体要求如下：

① 添加自选片头、片头音乐、背景音乐等，并增加恰当的标注信息。

② 请在片尾处注明学生姓名信息。

③ 实现在教程播放过程中弹出交互式提问，答题后才能继续观看的功能。

④ 将视频教程导出，并打包提交（注：导出时选择 720p 分辨率）。

（3）实验目的。

了解其他视频编辑软件；了解交互式视频教程的基本制作方法。

（4）实验步骤。

步骤 1：安装并汉化以后启动 Camtasia Studio（本实验使用的是 8.6.0 版本），在欢迎界面上可以看到"录制屏幕"及"导入媒体"两种工作向导，启动界面如图 5-136 所示。

步骤 2：单击"录制屏幕"向导，打开图 5-137 所示的录制工具栏，录制屏幕时可以选择录制"全屏幕"，也可以"自定义"屏幕上的录制区域，并可以选择是否开启摄像头同期录制讲者的画面以及是否同期录制音频，单击 REC 按钮，即可开启录制工作，Camtasia Recorder 工具如图 5-137 所示。

图 5-136　Camtasia Studio 启动界面

图 5-137　Camtasia Recorder 工具

步骤 3：按 F10 键结束录制，在弹出的"预览"窗口中选择对录制的文件进行"保存并编辑"，也可以选择直接"生成"为视频文件，或者直接"删除"，录制结束的预览窗口如图 5-138 所示。

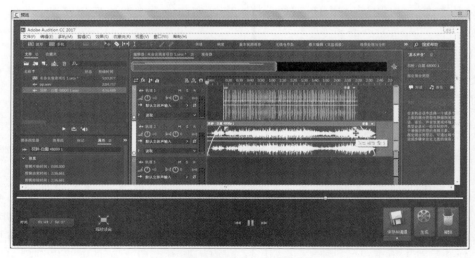

图 5-138　录制结束后的预览窗口

步骤 4：录制可以分段进行，每一段均被保存为一个扩展名为 trec 的录制文件。如果选择了"保存并编辑",即可打开图 5-139 所示的 Camtasia Studio 编辑器,在此界面上进行后期处理。

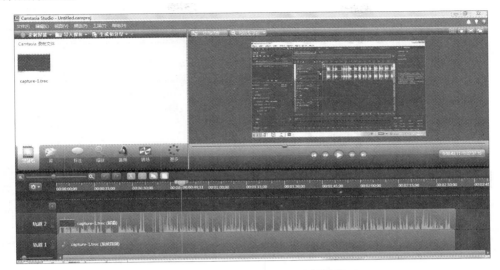

图 5-139 Camtasia Studio 编辑界面

步骤 5:利用 Camtasia Studio"库"窗口中的片头及音乐资源,可以快速形成动画效果片头及配乐,具体操作如图 5-140 所示。

图 5-140 使用内置库资源快速形成片头

步骤 6:Camtasia Studio 提供了视频教程编辑所需的录制 PowerPoint、语音旁白、加标注、加测验等多种工具,帮助用户快速制作交互式视频教程的多种元素。例如,在视频教程播放过程中希望弹出小测验验证用户的学习效果,并进行交互式反馈,可以使用"工具"→"测验",在时间轴的适当位置添加"测验",并编辑相应的测验选项,以达到更好的视频教学效果,添加测验的界面如图 5-141 所示。

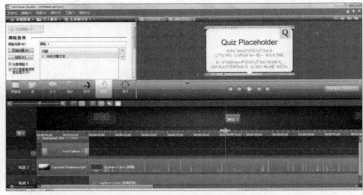

图 5-141　在视频教程中添加测验

步骤 7：完成视频编辑工作之后，单击"文件"→"生成和共享"，在图 5-142 所示的"生成向导"对话框中选择适当的导出格式及尺寸，即可导出视频教程。

图 5-142　"生成向导"对话框

步骤 8：Camtasia Studio 编辑项目可以保存为扩展名为 camproj 的项目文件，具体信息如图 5-143 所示，以确保能够继续编辑该项目。

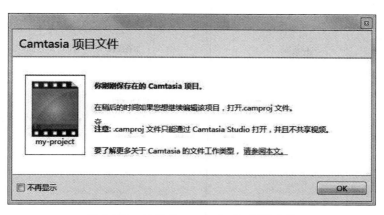

图 5-143　保存 Camtasia Studio 项目文件

参 考 文 献

[1] 林福宗. 多媒体技术基础[M]. 4 版. 北京：清华大学出版社，2017.

[2] Adobe 公司. Adobe Audition CC 经典教程[M]. 贾楠，译. 北京：人民邮电出版社，2014.

[3] Adobe 公司. Photoshop CC 经典教程[M]. 侯卫蔚，巩亚萍，译. 北京：人民邮电出版社，2015.

[4] Adobe 公司. Adobe Premiere Pro CC 经典教程[M]. 裴强，宋松，译. 北京：人民邮电出版社，2015.

[5] Adobe 公司. Adobe After Effects CC 经典教程[M]. 郭光伟，译. 北京：人民邮电出版社，2015.

图 书 资 源 支 持

感谢您一直以来对清华版图书的支持和爱护。为了配合本书的使用，本书提供配套的资源，有需求的读者请扫描下方的"书圈"微信公众号二维码，在图书专区下载，也可以拨打电话或发送电子邮件咨询。

如果您在使用本书的过程中遇到了什么问题，或者有相关图书出版计划，也请您发邮件告诉我们，以便我们更好地为您服务。

我们的联系方式：

地　　址：北京市海淀区双清路学研大厦 A 座 701

邮　　编：100084

电　　话：010－62770175－4608

资源下载：http://www.tup.com.cn

客服邮箱：tupjsj@vip.163.com

QQ：2301891038（请写明您的单位和姓名）

用微信扫一扫右边的二维码，即可关注清华大学出版社公众号"书圈"。

资源下载、样书申请

书 圈

扫一扫，获取最新目录